인벤터
50시간 완성

모델링편 》

KB039792

신동진 지음

훈련·행정·
실무 전문가
집필

NCS 기반
3D형상모델링
작업

유튜브
무료동영상
강의

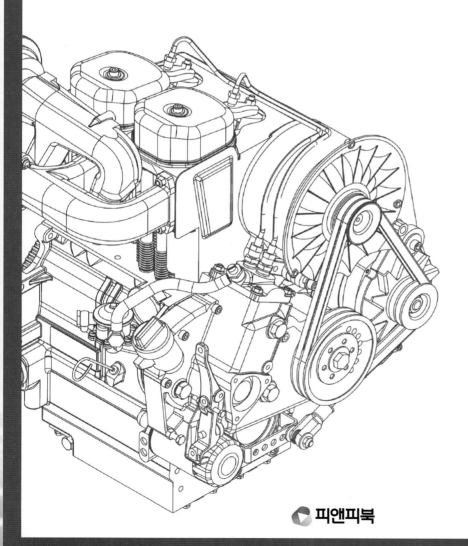

피앤피북

NCS 기반 3D형상모델링작업

인벤터 50시간 완성 〈모델링편〉

초판발행 2021년 09월 15일
3쇄 발행 2024년 09월 06일

지은이 신동진
발행인 최영민
발행처 ⓒ 피앤피북
주소 경기도 파주시 신촌로 16
전화 031-8071-0088
팩스 031-942-8688
전자우편 pnpbook@naver.com
출판등록 2015년 3월 27일
등록번호 제406-2015-31호

ISBN 979-11-91188-43-1 (93550)

인벤터 이제 나도 할 수 있다!

이 책을 찾아주시는 독자님들께 진심으로 감사드립니다.

수년간의 직업능력개발훈련 및 교육 노하우를 바탕으로 인벤터를 처음 접하는 독자의 입장에서 작성된 교재입니다.

효과적인 학습방법으로 높은 학업성취를 달성할 수 있도록 내용을 구성하였습니다.

또한 학습진도에 적절한 연습도면을 완성해봄으로써 단기간에 실력을 향상시킬 수 있습니다.

본 교재를 통해 인벤터 전문가로 성장할 수 있기를 기원합니다. 감사합니다.

 지은이 ## 신동진

캐드신 아카데미 대표
기계설계&3D프린팅 직업훈련교사

홈페이지 : dongjinc.imweb.me
질문&답변 카페 : cafe.naver.com/dongjinc

수상

2022 대한민국 평생학습대상 '교육부장관상'
2021 STEP 우수이러닝 콘텐츠 '고용노동부장관상'
2020 STEP 우수이러닝 콘텐츠 '한국기술교육대학교총장상'
2019 훈련이수자평가 3D프린터 'A등급'
2018 훈련이수자평가 3D프린터 'B등급'
2017 훈련이수자평가 기계 설계 'A등급'

자격

국가 · 민간자격 '기계가공기능장 외 12개'
중등교사자격 '중등학교 정교사 2급(기계금속)'
직훈교사자격 '기계설계 2급 외 15개'

연수

DfAM 및 적층해석(금속 3D프린팅) 외 27개

저서

오토캐드 40시간 완성
인벤터 50시간 완성 〈모델링편〉
솔리드웍스 50시간 완성〈모델링편〉
3D프린터운용기능사 실기 30시간 완성 〈인벤터편〉

지더블유캐드 40시간 완성
인벤터 50시간 완성 〈조립 · 도면편〉
솔리드웍스 50시간 완성〈조립 · 도면편〉

✿ PART 1 3D형상모델링 개요

✿ PART 2 3D형상모델링 스케치

⚙ PART 3 3D형상모델링 피처

3D형상모델링 개요

3D형상모델링 작업준비

학습목표 • 3D형상모델링에 대해 이해할 수 있다.
• 명령어를 이용하여 3D CAD프로그램을 사용자 환경에 맞도록 설정할 수 있다.
• 3D형상모델링에 필요한 부가 명령을 설정할 수 있다.
• 작업 환경에 적합한 템플릿을 제작하여 도면의 형식을 균일화시킬 수 있다.

1 3D형상모델링 소프트웨어의 종류

https://cafe.naver.com/dongjinc/1001

3D 공간상에 가상의 입체적인 형상을 만들고 그것을 수정하는 것을 형상모델링이라고 합니다. 모델링 소프트웨어의 종류로는 크게 디자인모델링 소프트웨어와 엔지니어링모델링 소프트웨어로 구분됩니다.

• 디자인모델링 프로그램

_ 3DsMAX
_ 라이노
_ 지브러시
등
·
·
·

• 엔지니어링모델링 프로그램

_ 카티아
_ 솔리드웍스
_ 인벤터
_ UG NX
등
·
·

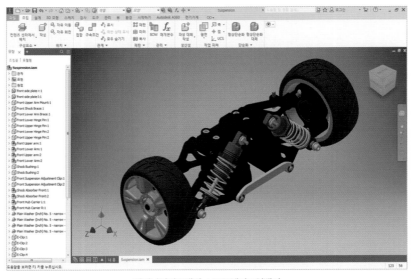

엔지니어링모델링 소프트웨어 : 인벤터

2 디자인모델링 소프트웨어와 엔지니어링모델링 소프트웨어와의 차이

엔지니어링모델링 소프트웨어의 장점은 작업이력(작업내용)이 남습니다. 작업이력이 순서대로 남아있어 모델링 형상을 손쉽게 수정 또는 제거할 수 있습니다. 반면에 디자인모델링 소프트웨어는 작업이력이 남지 않아 수정이 어렵습니다.

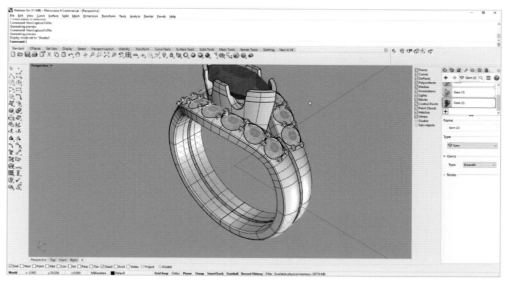

디자인모델링 소프트웨어 : 라이노

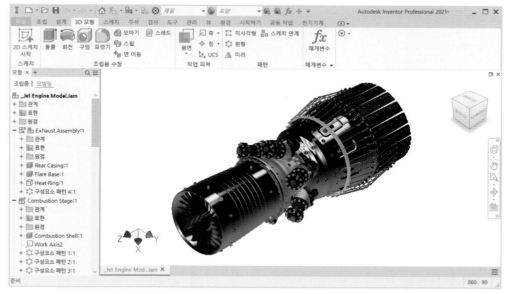

엔지니어링모델링 소프트웨어 : 인벤터

3 3D형상모델링 구조체계 ⟨중요Point⟩

3D형상모델링을 할 때 아래의 4가지 기능은 서로 연관되어 있기 때문에 각 기능에 대한 개념을 정확히 이해하는 것이 중요합니다. 또한 파일 저장 시 확장자가 달리 저장되기 때문에 확장자를 외우는 것이 좋습니다.

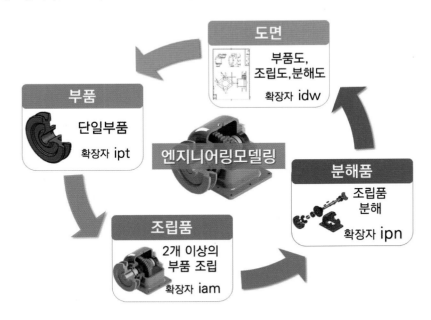

① 부품(standard.ipt) : 1개의 단일부품을 모델링하는 기능입니다.

② 조립품(standard.iam) : 2개 이상의 부품을 조립하는 기능입니다.

③ 분해품(standard.ipn) : 2개 이상의 부품이 조립된 조립품을 분해하는 기능입니다.

④ 도면(standard.idw) : 제품제작을 위한 부품도 또는 조립도, 분해도 등의 도면을 작성하는 기능입니다.

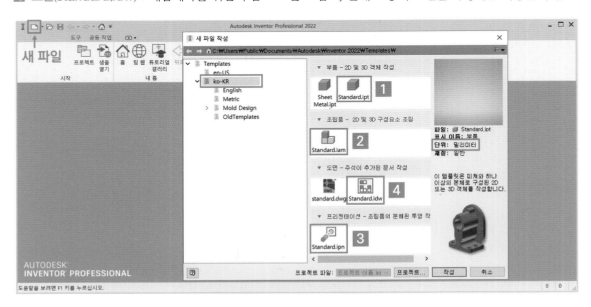

4 3D형상모델링의 3요소 중요Point

3D형상은 아래의 3가지 요소에 의해서 만들어집니다. 3D피처와 같이 입체적인 형상을 모델링하기 위해서는 1개의 작업평면을 선택하고, 그 작업평면에 2D스케치를 합니다. 그다음 3D피처 기능을 이용하여 입체적인 형상을 만듭니다. 매우 중요한 순서이니 꼭 숙지하시기 바랍니다.

① 작업평면 : 2D스케치를 작성하기 위한 평면입니다. 정면도, 우측면도, 평면도 또는 작업자에 의해 만들어진 작업평면이 있습니다.

② 2D스케치 : 3D피처의 형상을 구현하기 위한 밑그림입니다.

③ 3D피처 : 부피를 갖는 덩어리를 생성하는 기능입니다.

5 인벤터의 화면구성

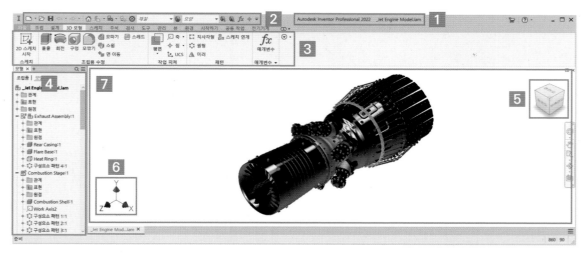

번호	명칭	설명
1	제목표시줄	프로그램의 버전 및 파일명 표시
2	빠른도구모음	자주 사용하는 아이콘 모음
3	도구모음	각종 기능의 아이콘 모음
4	작업트리(모형검색기)	작업순서 및 작업이력 표시
5	뷰큐브	작업화면을 수직으로 보거나 회전함.
6	좌표축	x, y, z의 좌표축을 나타냄.
7	작업화면	현재 작업하는 화면을 나타냄.

6 작업환경설정 실습Point 중요Point

효율적인 3D형상모델링작업을 위해 5가지 작업환경설정을 합니다.

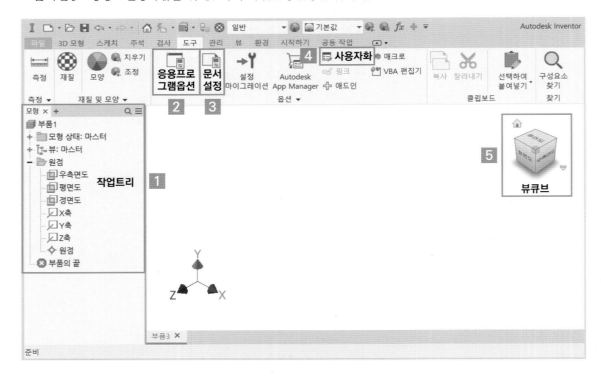

1 「새 파일」을 클릭하고 「Standard.ipt」를 더블 클릭하여 실행합니다.

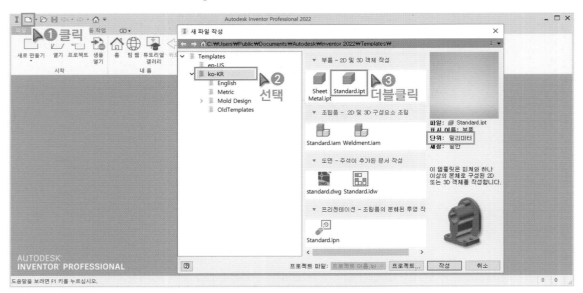

2 뷰큐브에서 마우스 우클릭하여 「옵션」을 실행합니다. 뷰큐브의 크기를 「큼」으로 선택합니다.

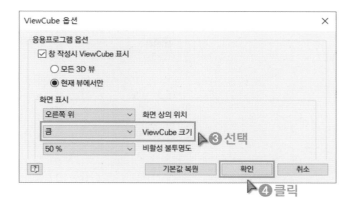

3 뷰큐브의 꼭짓점을 클릭하여 정면도, 우측면도, 평면도가 보이도록 합니다. 「뷰에 맞춤」을 클릭하여 현재 상태를 홈뷰로 설정합니다.

4 작업트리의 작업평면을 선택하고 「F2」를 눌러 뷰큐브와 동일하게 작업평면의 이름을 변경합니다. 중심점을 원점으로 변경합니다.

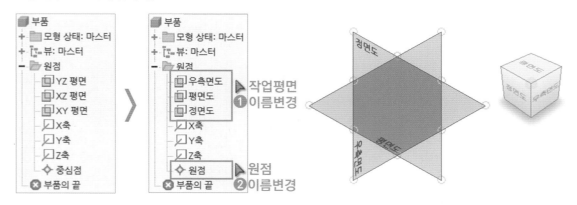

5 **≡** 드롭다운 메뉴에서 「확장 이름 표시」를 클릭합니다. 확장 이름을 표시하면 적용한 설정값을 보면서 모델링을 진행할 수 있습니다.

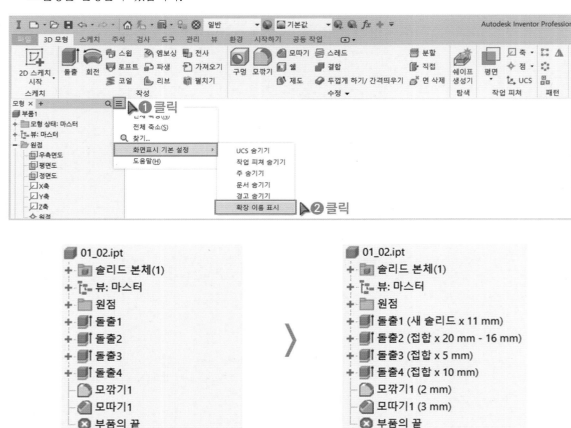

6 자주 사용하는 기능을 단축키로 설정합니다. 기본 다중 문자 명령 별명 사용 시 2개 이상의 알파벳을 조합하여 단축키를 설정할 수 있습니다. 설정 후 「내보내기」 기능을 이용하여 저장합니다.

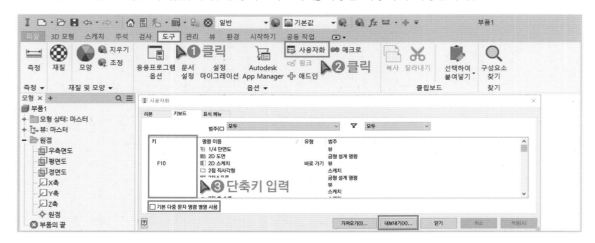

7 「응용프로그램 옵션」을 아래의 표와 같이 설정합니다. 설정 후 「내보내기」 기능을 이용하여 저장합니다.

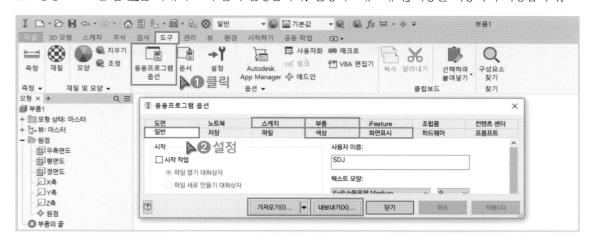

구분			내용
일반	시작		☐ 시작작업
	주석		2 🔼 주석 축척
색상	캔버스 내 색상 체계		겨울 밤
	구성표 사용자화		설계 → 스케치 → 참조 곡선(원점) ▨
화면표시	줌 동작		☑ 방향 반전 ☑ 커서로 줌
	마우스 가운데 버튼		shift + 마우스 가운데 버튼 궤도
스케치	구속조건 설정		설정... → ☑ 작성 시 치수 편집
	화면표시		☐ 그리드선 ☐ 작은 그리드 선 ☐ 축 ☐ 좌표계 지시자
	헤드업 디스플레이		☑ 헤드업 디스플레이(HUD) 사용
	2D스케치		☐ 그리드로 스냅하기 ☐ 곡선 작성 시 모서리 자동투영 ☐ 스케치 작성 및 편집을 위한 모서리 자동투영 ☑ 스케치 작성 시 원점 자동투영 ☐ 구성 형상으로 객체 투영 ☑ 부품환경에서 ☑ 조립품환경에서 ☑ 점 정렬 ☐ 이미지 삽입 동안 기본적으로 링크 옵션 사용 ☑ Auto-scale 스케치 형상에 초기 치수
부품	새 부품 작성시 스케치		⊙ 새 스케치 없음
내보내기			설정값 저장
가져오기			설정값 불러오기

⑧ 「문서설정」을 아래의 표와 같이 설정합니다.

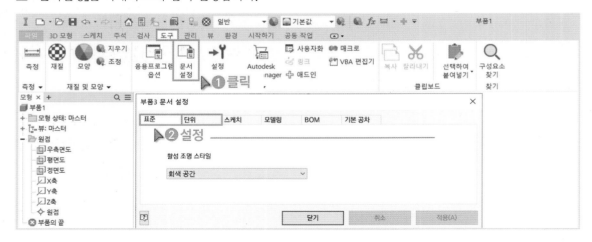

구분		내용
표준	활성 조명 스타일	기본 라이트 또는 회색공간
	화면표시 모양	설정... → 비주얼 스타일 : 모서리로 음영처리
	활성 표준	ISO
단위	길이	밀리미터(mm)
	시간	초(s)
	각도	도(˚)
	질량	그램(g)

⑨ 「템플릿으로 사본 저장」을 클릭하여 작업환경 설정값을 저장합니다. 이때 템플릿 명은 '부품'으로 합니다.
　 템플릿 폴더의 위치는 'C:\Users\Public\Documents\Autodesk\Inventor 2022\Templates'입니다.

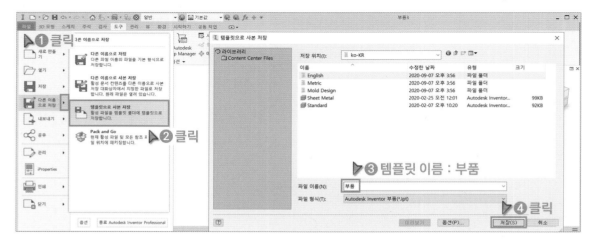

MEMO

02

3D형상모델링
스케치

SECTION

01 2D스케치 작성

학습목표
- 스케치 도구를 이용하여 디자인을 형상화할 수 있다.
- 디자인에 치수를 기입하여 치수에 맞게 형상을 수정할 수 있다.
- KS 및 ISO 관련 규격을 준수하여 형상을 모델링할 수 있다.
- 기하학적 형상을 구속하여 원하는 형상을 유지시키거나 선택되는 요소에 다양한 구속조건을 설정할 수 있다.

1 스케치를 위한 작업평면 선정 중요 Point

https://cafe.naver.com/dongjinc/1002

스케치를 작성하기 위해서는 3개의 작업평면(정면도, 우측면도, 평면도) 중 1개를 선정해야 하며 스케치를 작성하고 있을 때와 작성하고 있지 않을 때의 화면구성을 파악해야 합니다.

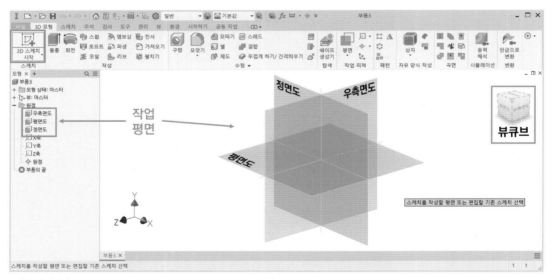

3개의 작업평면

스케치 작업 중   스케치 작업 종료

2 스케치 작성 및 객체선택 방법

1 「새 파일」을 클릭하고 「부품.ipt」를 더블 클릭하여 실행합니다.

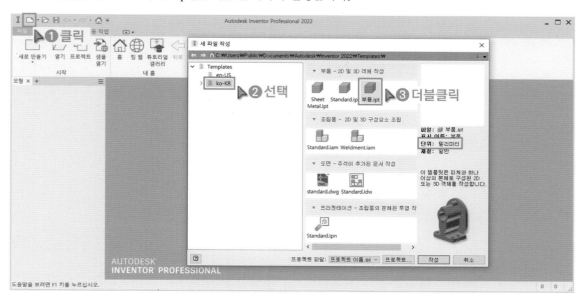

2 「2D스케치 시작」을 클릭한 후 3개의 작업평면 중 「정면도」를 클릭합니다.

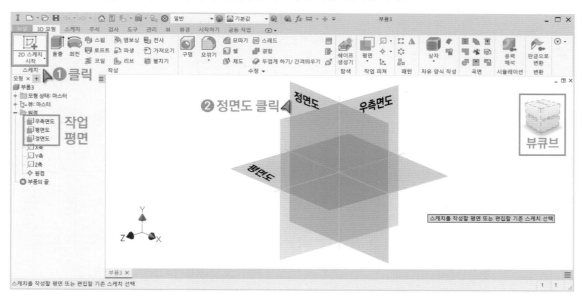

3 스케치 작업 중에는 스케치 마무리 아이콘, 원점이 활성화 되고 작업트리에는 스케치가 생성됩니다.

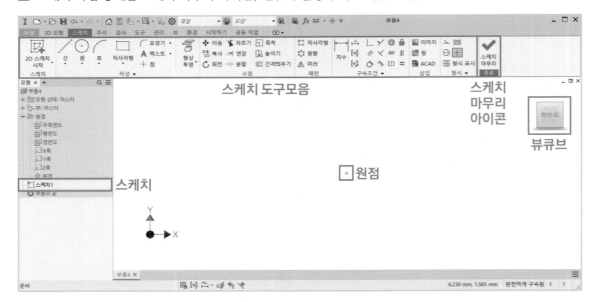

4 「선」을 클릭한 후 마우스를 이용하여 직선을 그립니다. 스케치 작성 시 뷰큐브의 방향을 항상 확인합니다.

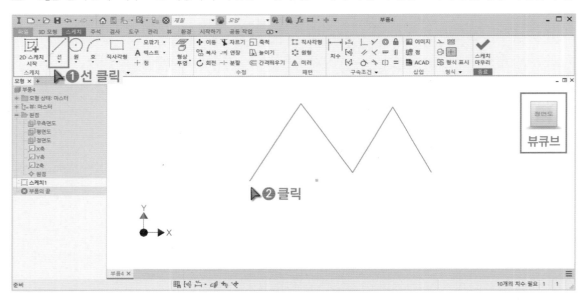

5 객체를 선택하는 첫 번째 방법은 ①왼쪽에서 ②오른쪽으로 빨간영역을 만들어 선택하는 방법입니다. 이 때 빨간영역 안에 완벽히 포함된 객체만 선택됩니다.

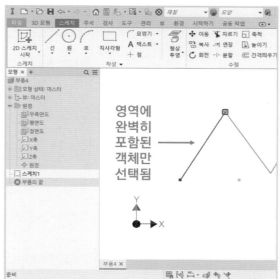

6 객체를 선택하는 두 번째 방법은 ①오른쪽에서 ②왼쪽으로 초록영역을 만들어 선택하는 방법입니다. 이 때 초록영역 안에 포함된 모든 객체가 선택됩니다. 객체를 선택하는 마지막 방법은 CTRL 키를 누르고 여러 개의 객체를 직접 선택하는 방법이 있습니다.

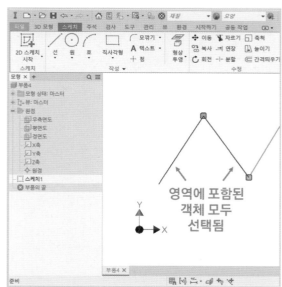

7 「스케치마무리」를 클릭합니다. 방금 작성한 '스케치1'이 어느 작업평면에 작성되었는지 확인합니다. 이때 뷰큐브를 보면 쉽게 파악할 수 있습니다.

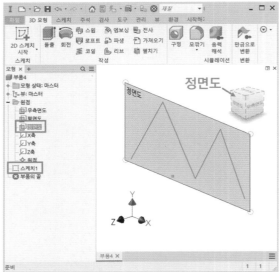

8 「2D스케치시작」을 클릭하고 '평면도'를 클릭합니다. 평면도에 원을 스케치하고 「스케치마무리」를 클릭합니다. 작업트리에 '스케치2'가 생성된 것을 확인합니다.

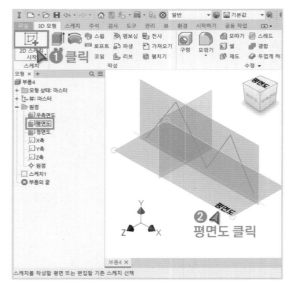

3 마우스 사용 및 스케치 수정 방법 `실습 Point` `중요 Point`

1. 좌클릭 : 객체 선택, 작업 실행
2. 휠 회전 : 작업화면 확대 및 축소
2. 휠 드래그 : 작업화면 이동
2. SHIFT + 휠 드래그 : 작업화면 회전
2. 휠 더블 클릭 : 작업화면 틀에 맞게 확대
3. 우클릭 : 보조기능 및 옵션 선택
3. 우클릭 드래그 : 마우스 단축키 사용

■ 스케치 수정 전 작업트리에 있는 「스케치」를 클릭하여 작업화면에 활성화되는 스케치를 확인합니다.

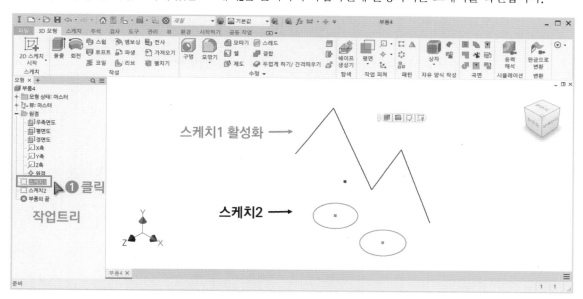

② 스케치 수정을 위해 「스케치1」을 더블 클릭하거나 우클릭 후 「스케치편집」을 클릭합니다.

3 작업트리의 '스케치1'이 활성화된 것을 확인하고 직사각형 스케치를 추가합니다. 객체 선택 후 DELETE 키를 누르면 객체를 삭제할 수 있습니다. 스케치 작성 후「스케치마무리」를 클릭합니다.

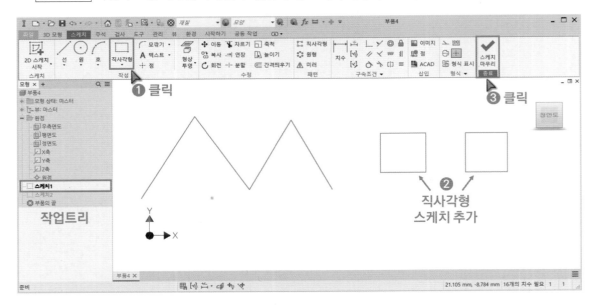

4 수정된 '스케치1'을 확인합니다. 스케치를 작성할 때는 작업트리의 변화, 추가되는 스케치, 수정하고자 하는 스케치, 작업화면, 뷰큐브의 방향 등을 수시로 확인하면서 작성합니다.

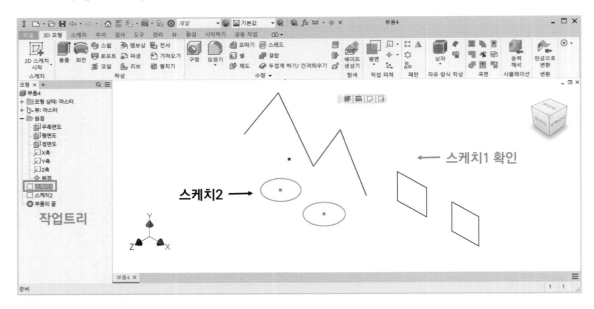

5 「저장」을 클릭하고 파일을 원하는 위치에 저장합니다.

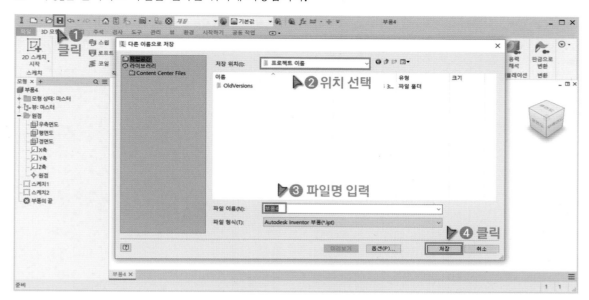

4 스케치 작성 〔실습 Point〕 〔중요 Point〕

1 「2D스케치시작」을 클릭한 후 3개의 작업평면 중 「정면도」를 클릭합니다.

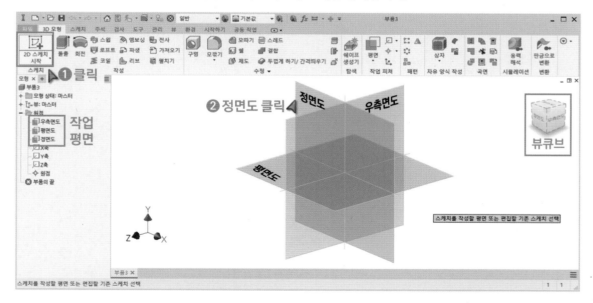

2 기본 도형의 아이콘 형태를 보면 파란점이 있는 것을 볼 수 있습니다. 기본 도형 작성 시 파란점을 찍으면
해당 도형이 그려지며 파란점을 보고 그리는 방법을 유추할 수 있습니다.

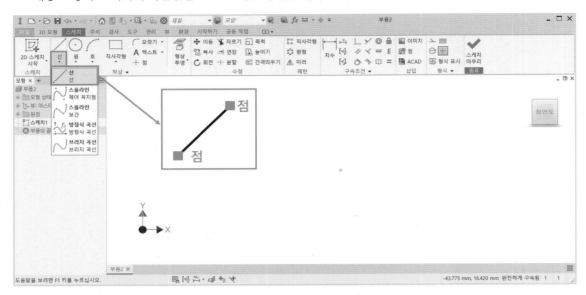

3 스케치 도구모음의 기본도형을 이용하여 아래와 같이 자유롭게 스케치를 작성합니다.

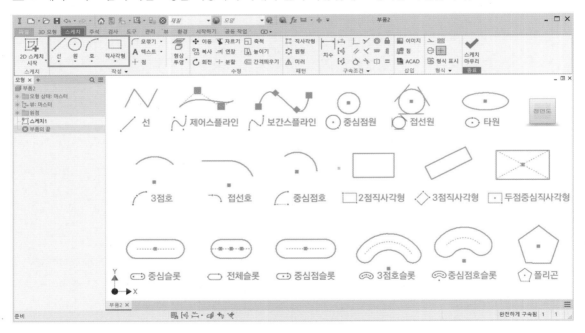

5 구속조건 추정 · 유지 `실습 Point` `중요 Point`   ▶ https://cafe.naver.com/dongjinc/1003

'구속조건'은 스케치를 기하학적인 형상으로 구속하는 기능입니다. 구속조건을 정확하게 이해하고 적용한다면 모델링의 오류를 줄일 수 있고 기하학적인 형상을 만들 수 있습니다.

1 구속조건이 적용된 스케치를 작성하기 위해서 「✔ 구속조건 추정」, 「✔ 구속조건 유지」 기능을 체크합니다.

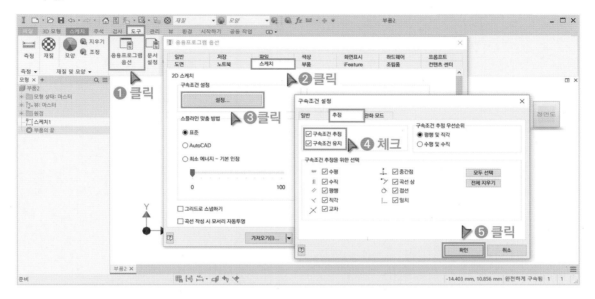

2 구속조건 추정은 스케치 작성 시 적용되는 구속조건을 미리 보여주는 기능입니다.

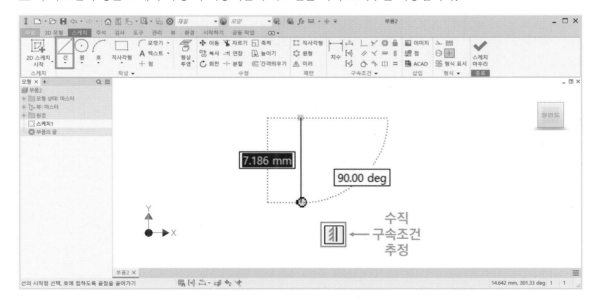

3 구속조건 유지는 미리 보여지는 구속조건을 적용하는 기능입니다. 아래의 직선은 수직 구속조건이 적용되어 수직선 상태로 구속됩니다. 구속조건을 확인하고 숨기는 단축키는 [F8], [F9]입니다.

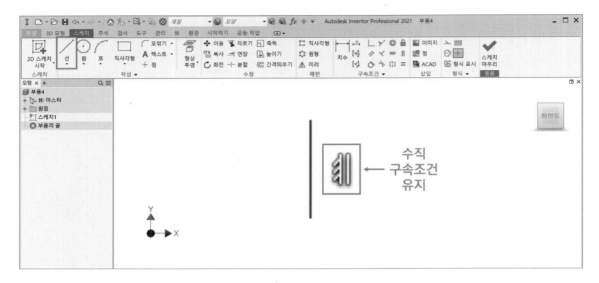

4 스케치를 작성할 때마다 어떠한 구속조건이 적용되는지 확인해야 합니다. 구속조건을 제대로 적용한다면 원하는 형태와 크기로 형상을 모델링 할 수 있습니다. 하지만 구속조건을 잘못 적용한다면 스케치에 오류가 발생해서 원하는 형상을 모델링 할 수 없습니다.

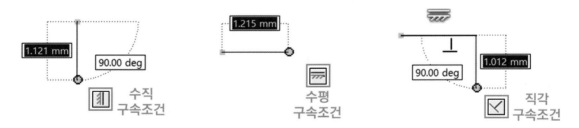

6 구속조건의 종류 및 적용 방법 `실습Point` `중요Point`

구속조건은 스케치의 형태가 변형되는 것을 막고, 설계자가 의도한 대로 스케치 형상을 유지하는 기능입니다. 스케치를 작성하며「모든구속조건표시 F8」또는「전체구속조건숨기기 F9」기능을 통해 구속조건의 적용 상태를 확인합니다.

1 일치 구속조건은 두 점을 한 점으로 일치시키는 기능입니다. 점과 점, 선과 점을 일치할 수 있습니다.

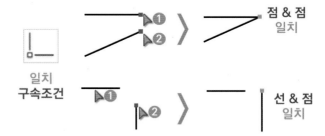

2 동일선상 구속조건은 두 선을 동일한 선상으로 일치시키는 기능입니다.

3 동심 구속조건은 두 개의 호, 원 또는 타원이 동일한 중심점을 갖게 하는 기능입니다.

4 평행 구속조건은 두 개의 선을 평행시키는 기능입니다.

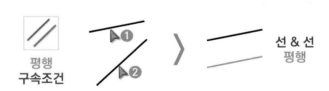

5 직각 구속조건은 두 개의 선을 직각상
태로 만드는 기능입니다.

직각
구속조건

선 & 선
직각

6 수평 구속조건은 선을 수평선으로 만들
거나 점과 점을 수평상태로 만드는 기
능입니다.

수평
구속조건

선
수평

점&점
수평

7 수직 구속조건은 선을 수직선으로 만들
거나 점과 점을 수직상태로 만드는 기능
입니다.

수직
구속조건

선
수직

점&점
수직

8 접선 구속조건은 선과 원 또는 원과 원
을 접하는 상태로 만드는 기능입니다.

접선
구속조건

선 & 원
접선

원 & 원
접선

9 동일 구속조건은 선과 선 또는 원과 원
을 동일한 크기로 만드는 기능입니다.

동일
구속조건

선 & 선
동일

원 & 원
동일

7 **스케치 치수기입** 실습 Point ◀

스케치 도구모음의 「치수」 기능으로 다양한 형태의 치수를 기입할 수 있습니다. 스케치는 원점으로부터 시작하며 뷰큐브의 방향을 확인하며 스케치를 진행합니다. 이때 구속조건의 적용 상태를 확인합니다.

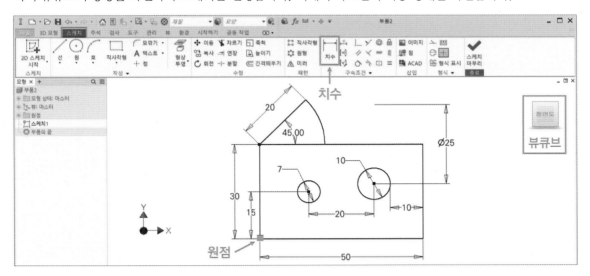

1 오른쪽의 스케치를 작성합니다. 스케치 작성 시 항상 원점으로부터 스케치를 시작하며 형태를 먼저 그리고 치수를 기입합니다.

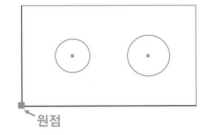

2 '점과 점'을 클릭하고 길이값을 입력합니다. 길이값의 단위는 mm입니다.

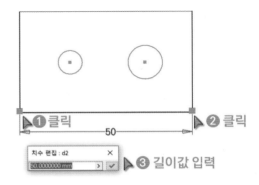

3 '선과 선'을 클릭하여 치수를 기입합니다.

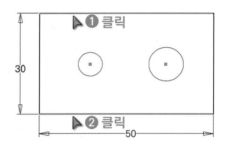

4 '원'을 클릭하여 지름치수를 기입합니다.

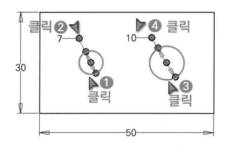

5 '선과 원'을 클릭하여 치수를 기입합니다.

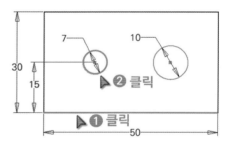

6 '선과 사분점'을 클릭하여 치수를 기입합니다.
원의 사분점 근처에서 마우스 커서가 ↗ →
⚲ 변경됐을 때 클릭합니다.

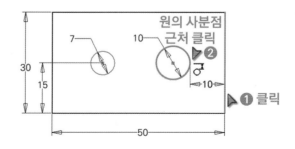

7 '원과 원'을 클릭하여 치수를 기입합니다.

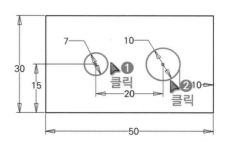

8 '선과 원'을 클릭하고 마우스 우클릭
하여 「✔ 선형지름」 치수를 기입합니
다.

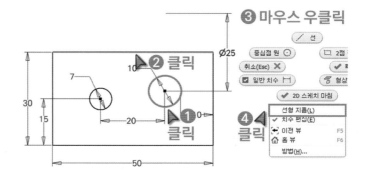

9 '선과 중심점호' 스케치를 추가합니다. 호
를 작성할 때 중간점을 클릭하지 않도록
주의합니다.

참고

선의 중간점 : ●

호의 중간점 : ●

선의 끝점 : ●

10 '선과 선'을 클릭하여 각도 치수를 기입합
니다.

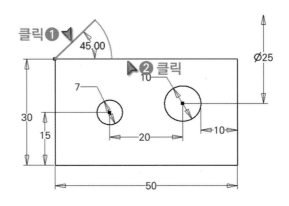

11 '선'을 클릭하고 마우스 우클릭하여
「✓ 정렬」옵션을 선택합니다.

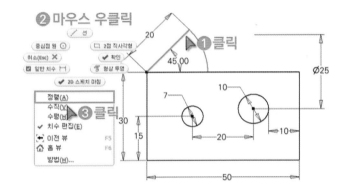

12 치수값에 계산식(+ × ÷)을 입력할 수 있습니다.

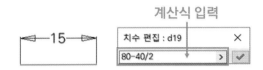

13 치수값에 치수의 매개변수(이름)를 입력
해서 치수를 관리할 수 있습니다.

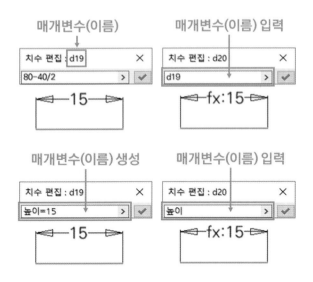

8 스케치의 정의 상태 `중요 Point`

2D스케치의 상태는 완전상태, 불완전상태, 오류상태로 구분할 수 있습니다. 설계자가 원하는 형상으로 모델링 하고자 할 경우 2D스케치의 상태는 완전상태로 작성해야 합니다. 불완전 또는 오류상태로 스케치 작성 시 모델링 오류가 발생하며 원하는 형상을 구현할 수 없습니다.

1 완전 상태 : 스케치가 치수 또는 구속조건에 의해 완전하게 구속이 된 상태입니다. 이때의 스케치는 기하학적으로 완전한 상태를 보이며 객체를 드래그 하여도 형태가 변하지 않습니다. 3D형상모델링에서의 2D스케치는 모두 완전상태로 작성되어야 합니다.

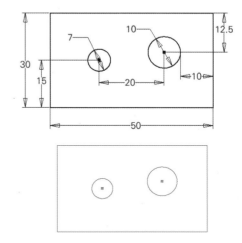

2 불완전 상태 : 치수 또는 구속조건이 적용되지 않아 스케치가 불완전한 상태입니다. 이때 객체를 드래그 할 경우 형태가 변하게 됩니다. 이는 모델링의 오류를 초래할 수 있습니다.

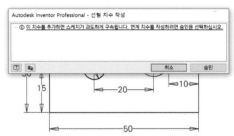

3 오류 상태 : 치수 또는 구속조건이 중복되거나 초과, 충돌이 되는 오류 상태입니다. 오류 상태인 스케치는 추가작업 시 반복적으로 오류가 발생하며 원하는 형상을 구현할 수 없습니다.

9 스케치 오류 상태의 원인 `실습 Point` `중요 Point`

가장 많이 발생하는 스케치 오류 상태의 원인은 첫째, 구속조건이 기존 구속조건과 충돌이 되거나 중복이 될 때 오류가 발생합니다. 둘째, 치수가 중복될 때 오류가 발생합니다.

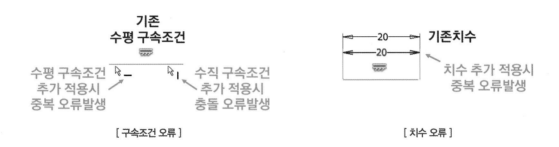

10 완전 상태의 스케치 작성 방법 실습 Point ◀ 중요 Point ◀   ▶ https://cafe.naver.com/dongjinc/1005

스케치를 '완전 상태'로 작성하기 위해서는 첫째, 원점을 활용해야 합니다. 원점은 프로그램 고유의 원점으로 써 고정되어 있으며 X, Y, Z의 좌표값이 0인 지점입니다. 둘째, 치수 또는 구속조건을 적절하게 적용하여 크기와 위치를 지정해야 합니다.

1 고정된 원점으로부터 객체의 가로 및 세로의 '위치 치수'를 기입합니다. 그리고 객체의 '크기 치수'를 기입합니다.

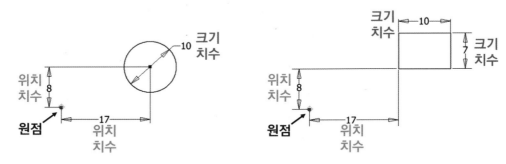

[위치 치수, 크기 치수 적용]

2 고정된 원점으로부터 객체의 가로의 '위치 치수'를 기입하고 '수평구속조건'으로 수평 위치를 지정합니다. 그리고 객체의 '크기 치수'를 기입합니다.

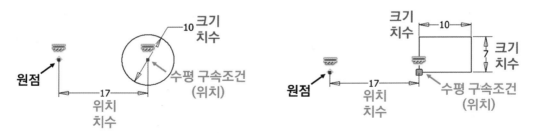

[위치 치수, 크기 치수, 구속조건 적용]

3 고정된 원점에 객체의 위치를 지정합니다. 그리고 객체의 '크기 치수'를 기입합니다.

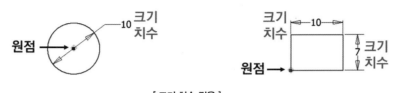

[크기 치수 적용]

11 완전 상태 스케치의 중요성 중요Point

설계자는 모델링형상의 오류를 최소화시키고 정확한 치수와 원하는 형상의 제품을 얻기 위해 스케치를 완전 상태로 작성해야 합니다. 불완전상태로 스케치를 할 경우 설계자 또는 제3자의 실수로 인해서 스케치가 변경되어 형상 및 설계 오류가 발생할 수 있습니다.

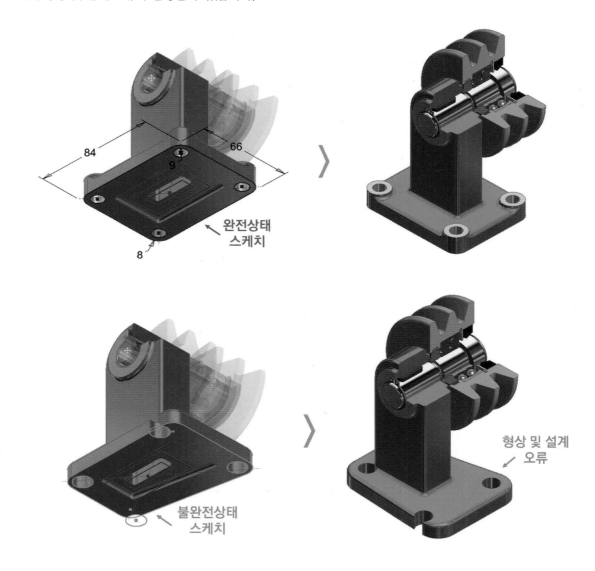

적절하게 구속조건 및 치수를 적용하여 스케치를 완전 상태로 작성하세요. 파란색 점을 원점으로 하고 스케치하세요. 구속조건에 의해서 도면의 치수와 작성되는 스케치 치수의 개수가 다를 수 있습니다.

연습도면 1-1

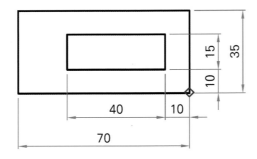

연습도면 1-2

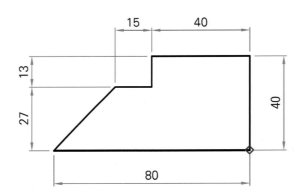

연습도면 1-3

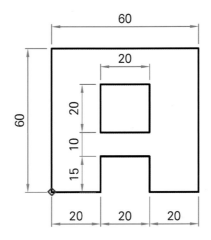

적절하게 구속조건 및 치수를 적용하여 스케치를 완전 상태로 작성하세요. 파란색 점을 원점으로 하고 스케치하세요.

연습도면 2-1

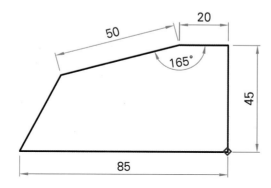

연습도면 2-2

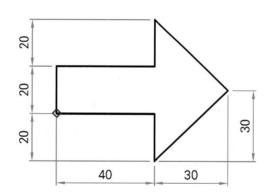

연습도면 2-3

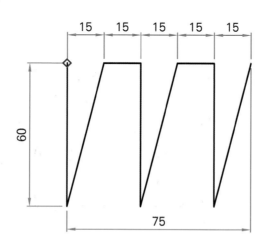

적절하게 구속조건 및 치수를 적용하여 스케치를 완전 상태로 작성하세요. 효율적인 스케치를 위해 원점의 위치를 고려하여 스케치를 작성하세요.

연습도면 3-1

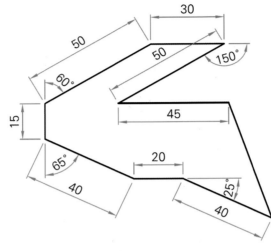

연습도면 3-2

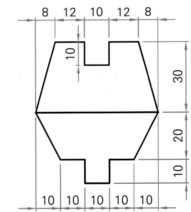

연습도면 3-3

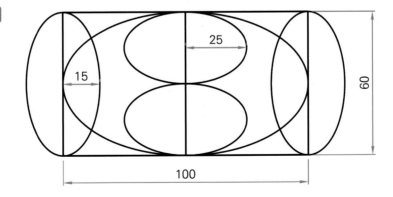

적절하게 구속조건 및 치수를 적용하여 스케치를 완전 상태로 작성하세요. 효율적인 스케치를 위해 원점의 위치를 고려하여 스케치를 작성하세요. (R : 반지름, Ø : 지름, A–ØB : 지름 B의 원이 A개 있음)

연습도면 4-1

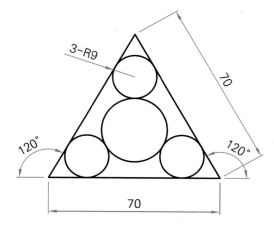

연습도면 4-2

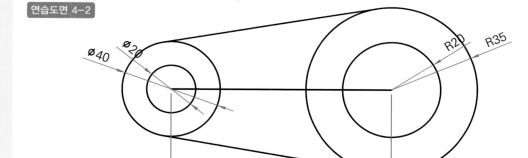

연습도면 4-3

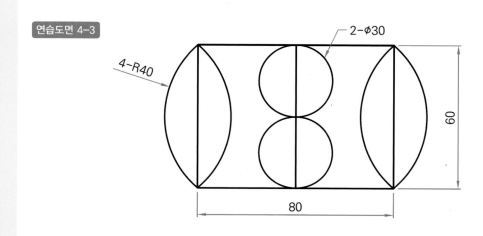

적절하게 구속조건 및 치수를 적용하여 스케치를 완전 상태로 작성하세요. 효율적인 스케치를 위해 원점의 위치를 고려하여 스케치를 작성하세요.(R : 반지름, Ø : 지름, A−ØB : 지름 B의 원이 A개 있음)

연습도면 5-1

연습도면 5-2

연습도면 5-3

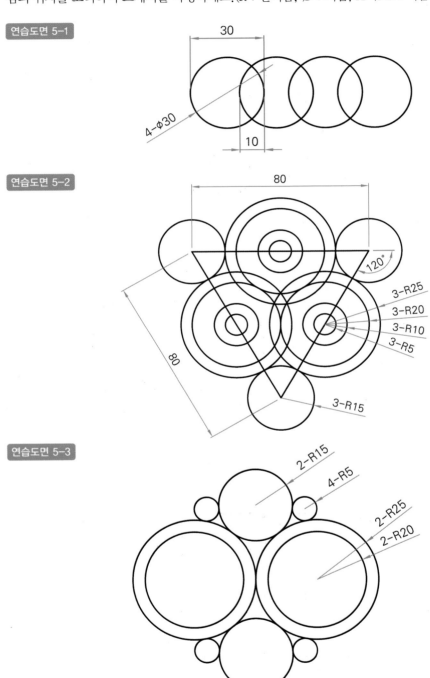

SECTION 02

2D스케치 수정

학습목표 • 스케치 도구를 이용하여 디자인을 형상화할 수 있다.
• 디자인에 치수를 기입하여 치수에 맞게 형상을 수정할 수 있다.
• KS 및 ISO 관련 규격을 준수하여 형상을 모델링할 수 있다.
• 기하학적 형상을 구속하여 원하는 형상을 유지시키거나 선택되는 요소에 다양한
　구속조건을 설정할 수 있다.

1 스케치 수정 실습Point

https://cafe.naver.com/dongjinc/1011

모깎기 (필렛)

뾰족한 모서리를 둥글게 하는 기능입니다. 선과 선을 클릭하거나 꼭짓점을 클릭하여 만들 수 있습니다.

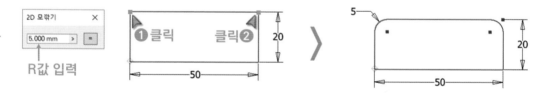

모따기 (챔퍼)

뾰족한 모서리를 45°의 각도 또는 그 외의 각도로 만드는 기능입니다. 선과 선을 클릭하거나 꼭짓점을 클릭하여 만들 수 있습니다.

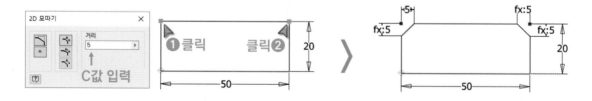

✂ 자르기

교차하는 객체를 자르는 기능입니다. 객체를 클릭하거나 드래그하여 자를 수 있습니다.

→⃒ 연장

객체를 연장하는 기능입니다. 객체를 클릭하여 연장할 수 있습니다.

─⃒─ 분할

객체를 분할하는 기능입니다. 마우스 커서 위치에 따라 분할 지점이 활성화되며 객체를 클릭하여 분할할 수 있습니다.

⊏ 간격 띄우기

객체를 일정한 간격으로 띄우는 기능이며, 마우스 방향에 따라 띄워지는 위치가 결정됩니다.

A 텍스트

문자를 기입하는 기능입니다. 방향을 지정하기 어려운 단점이 있습니다.

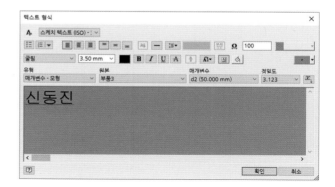

A 형상 텍스트

스케치 형상에 따라 문자를 기입하는 기능입니다. 방향을 쉽게 지정할 수 있는 장점이 있습니다.

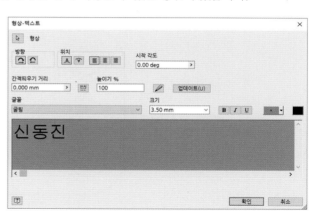

적절하게 구속조건 및 치수를 적용하여 스케치를 완전 상태로 작성하세요. 빨간색의 중심선은 제외하고 작성하세요.

연습도면 6-1

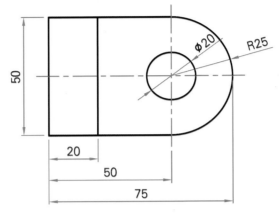

연습도면 6-2

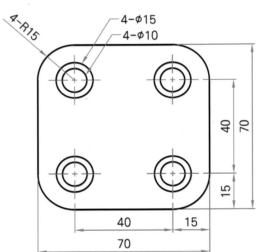

연습도면 6-3

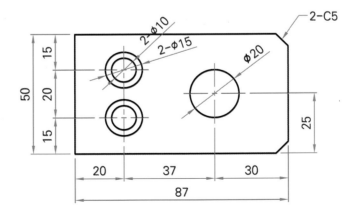

적절하게 구속조건 및 치수를 적용하여 스케치를 완전 상태로 작성하세요. 빨간색의 중심선은 제외하고 작성하세요.

연습도면 7-1

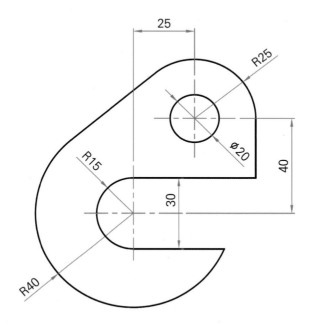

연습도면 7-2

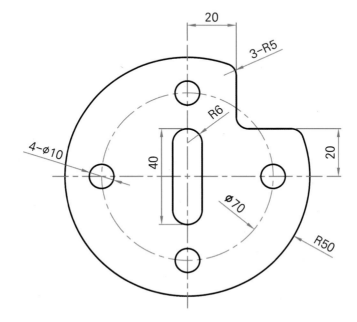

적절하게 구속조건 및 치수를 적용하여 스케치를 완전 상태로 작성하세요. 빨간색의 중심선은 제외하고 작성하세요.

연습도면 8-1

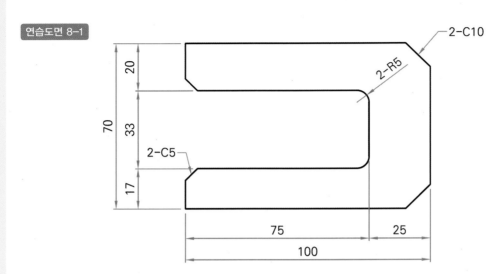

연습도면 8-2

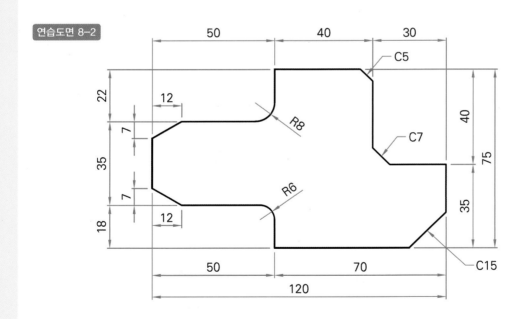

적절하게 구속조건 및 치수를 적용하여 스케치를 완전 상태로 작성하세요. 빨간색의 중심선은 제외하고 작성하세요.

연습도면 9-1

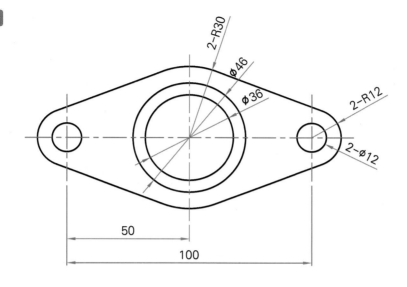

연습도면 9-2

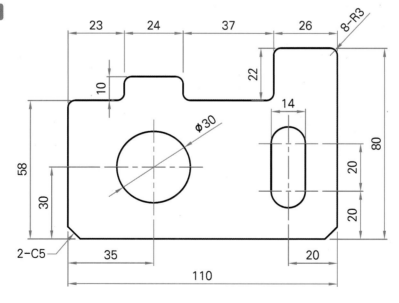

적절하게 구속조건 및 치수를 적용하여 스케치를 완전 상태로 작성하세요. 빨간색의 중심선은 제외하고 작성하세요.

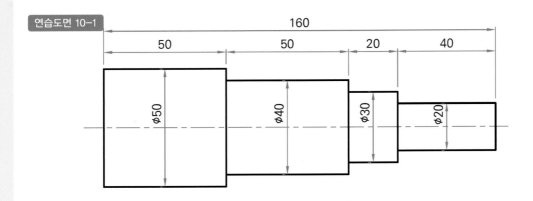

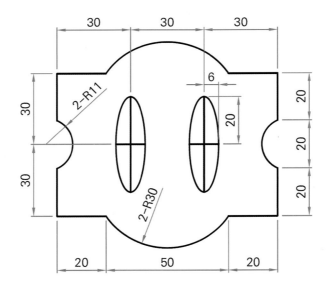

2 스케치 패턴 실습 Point

직사각형 패턴

객체를 가로, 세로의 방향으로 복사하는 기능입니다. 원본 객체의 형태가 변하면 구속조건에 의해 패턴 된 객체의 형태도 변합니다. 객체 선택 시 옵션창의 마우스 커서의 형태를 파악해야 합니다.

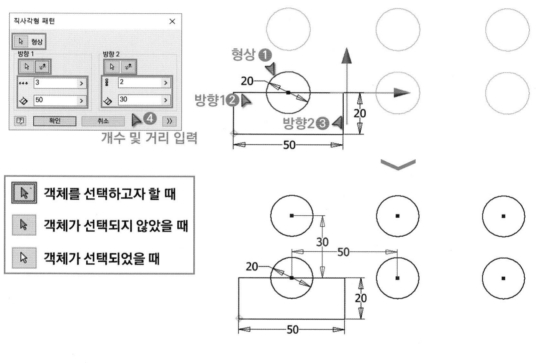

패턴 복사된 객체는 DELETE 로 삭제가 불가능합니다. 1개의 요소만 삭제할 때 「요소 억제」, 패턴 전체를 삭제할 때 「패턴 삭제」, 패턴의 거리나 개수를 수정할 때 「패턴 편집」 기능을 사용해야 합니다.

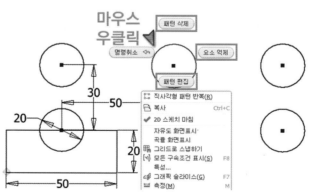

원형 패턴

객체를 원형으로 복사하는 기능입니다. 원본 객체의 형태가 변하면 구속조건에 의해 패턴 된 객체의 형태도 변합니다. 패턴 복사된 객체는 DELETE 로 삭제가 불가능합니다. 1개의 요소만 삭제할 때 「요소 억제」, 패턴 전체를 삭제할 때 「패턴 삭제」, 패턴의 거리나 개수를 수정할 때 「패턴 편집」 기능을 사용해야 합니다.

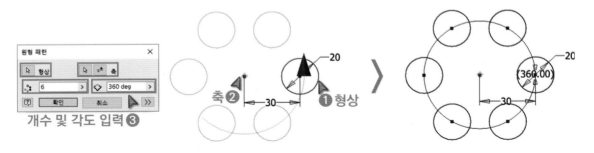

미러 패턴

미러선(대칭축)을 기준으로 선택한 객체를 대칭 복사하는 기능입니다.

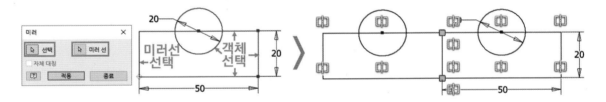

미러 후 원본 객체의 형태가 변하면 구속조건에 의해 대칭복사 된 객체의 형태도 변합니다.

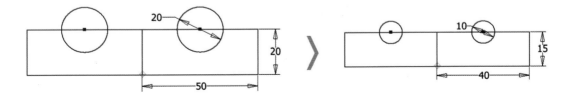

적절하게 구속조건 및 치수를 적용하여 스케치를 완전 상태로 작성하세요.

연습도면 11-1

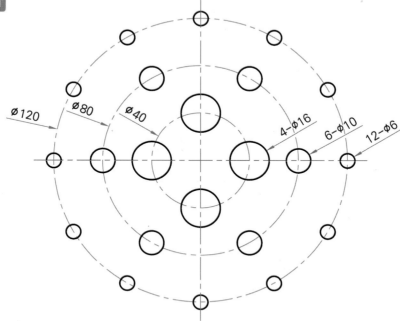

연습도면 11-2

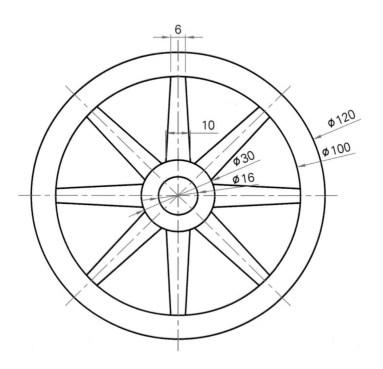

적절하게 구속조건 및 치수를 적용하여 스케치를 완전 상태로 작성하세요.

연습도면 12-1

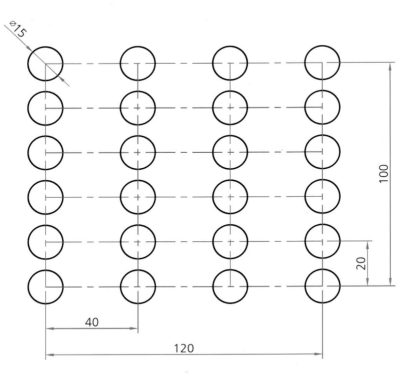

연습도면 12-2

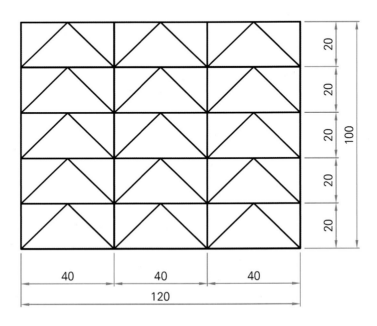

적절하게 구속조건 및 치수를 적용하여 스케치를 완전 상태로 작성하세요.

연습도면 13-1

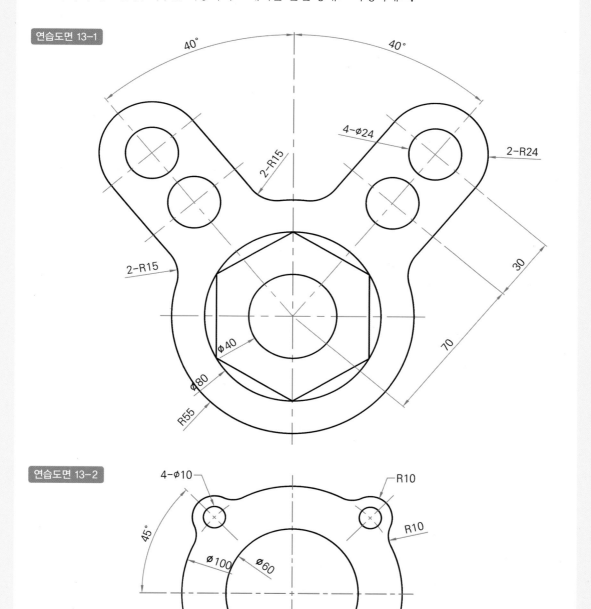

연습도면 13-2

적절하게 구속조건 및 치수를 적용하여 스케치를 완전 상태로 작성하세요.

연습도면 14-1

연습도면 14-2

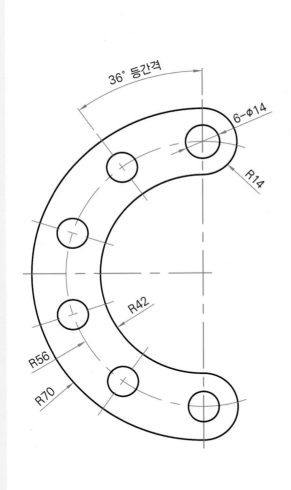

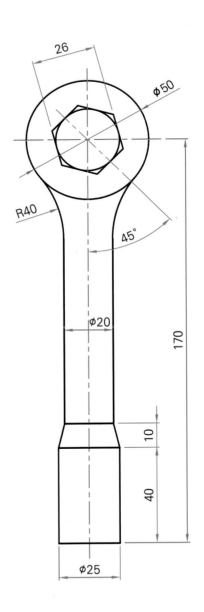

적절하게 구속조건 및 치수를 적용하여 스케치를 완전 상태로 작성하세요.

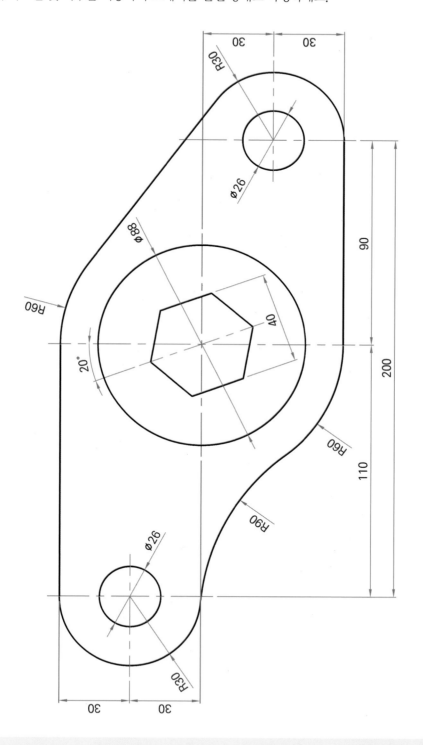

적절하게 구속조건 및 치수를 적용하여 스케치를 완전 상태로 작성하세요.

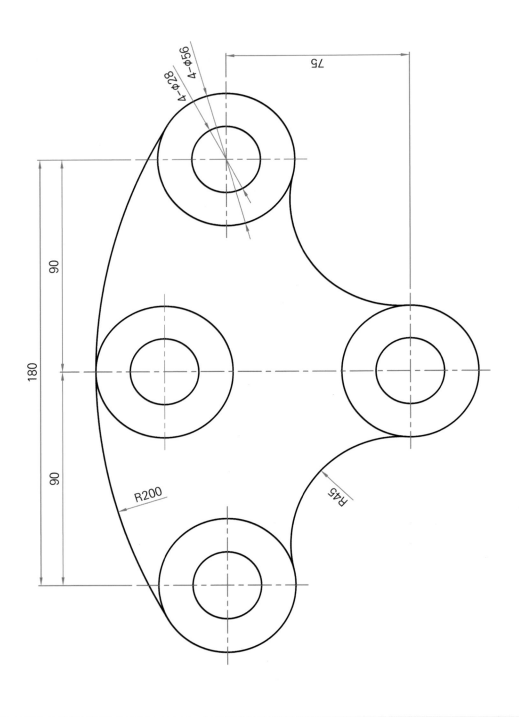

적절하게 구속조건 및 치수를 적용하여 스케치를 완전 상태로 작성하세요.

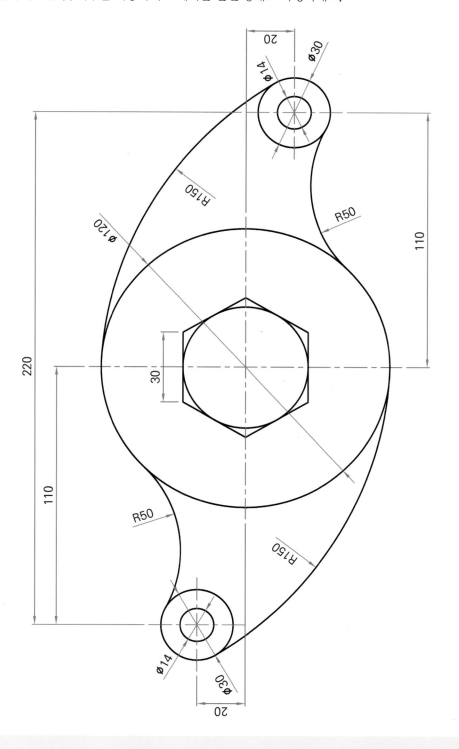

적절하게 구속조건 및 치수를 적용하여 스케치를 완전 상태로 작성하세요.

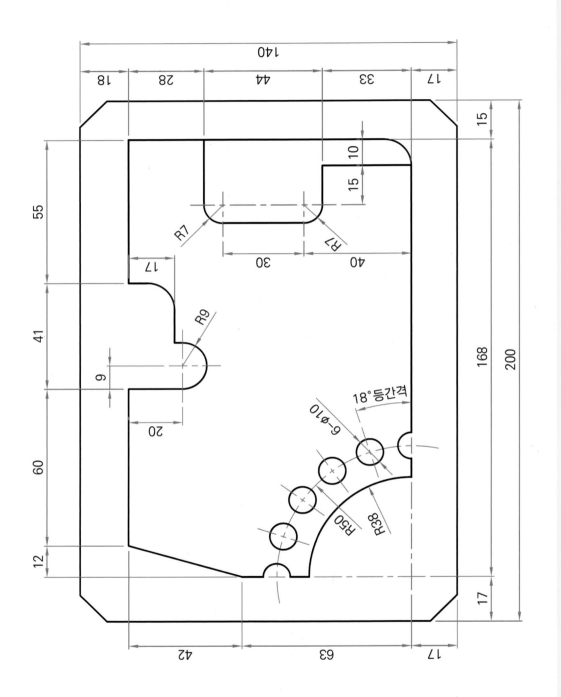

주서 : 도시되고 지시 없는 모따기는 C10, 모깎기는 R10으로 하시오.

MEMO

PART

03

3D형상모델링 피처

3D피처 생성

학습목표 • KS 및 ISO 관련 규격을 준수하여 형상을 모델링할 수 있다.
· 특징 형상 설계를 이용하여 요구되어지는 3D형상모델링을 완성할 수 있다.

1 피처 생성 순서 실습 Point ◄ 중요 Point ◄

https://cafe.naver.com/dongjinc/1026

속이 꽉 찬 입체적인 형상을 피처 또는 솔리드 피처라고 합니다. 피처는 아래 순서에 따라 생성됩니다.

1 3개의 기본 작업평면(정면도, 우측면도, 평면도) 중 '정면도'를 선택합니다.

2 선택한 작업평면(정면도)에 '스케치'를 합니다.

3 스케치를 돌출시켜 '피처'를 생성합니다. 처음 생성한 피처를 '베이스 피처'라고 합니다.

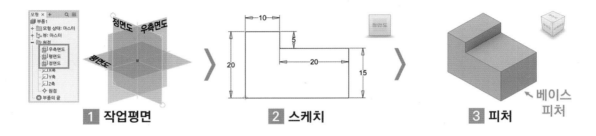

4 피처의 면을 선택합니다. 이때 피처의 모든 면을 '작업평면'으로 사용할 수 있습니다.

5 선택한 작업평면에 '스케치'를 합니다.

6 스케치를 돌출시켜 '피처'를 생성합니다. 추가로 생성된 피처를 '추가 피처'라 하며 이와 같은 방법을 수차
례 진행하여 복잡한 형태의 형상을 만듭니다.

7 생성한 스케치와 피처는 작업한 순서에 따라 작업트리에 기록됩니다. 모델링한 형상은 작업트리를 통해 수정할 수 있기 때문에 작업트리의 구성을 파악하는 것은 매우 중요합니다.

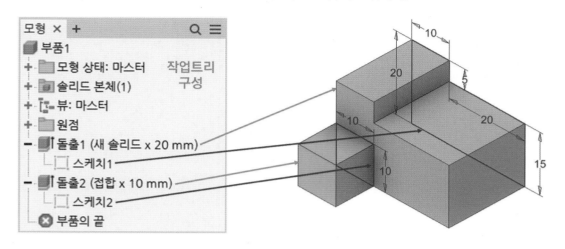

2 피처 생성 조건 중요Point

https://cafe.naver.com/dongjinc/1027

1 스케치는 '닫힌영역(폐곡선)으로 작성'해야 합니다. 만약 열린영역(개곡선)으로 작성할 경우 피처를 생성하지 못합니다.

2 스케치는 선이 '겹치지 않도록 작성'해야 합니다. 선이 겹칠 경우 피처를 생성하지 못합니다.

3 스케치는 '완전상태로 작성'해야 합니다. 불완전상태로 작성할 경우 설계 오류의 원인이 됩니다.

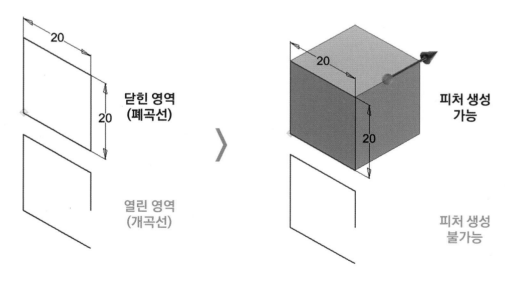

3 보조선 활용

피처 생성 시 보조선으로 활용하는 선은 구성선과 형상투영선이 있습니다.

⊥ 구성선

일반선을 구성선(보조선)으로 변경하는 기능입니다. 구성선은 피처 생성 시 영향을 끼치지 않으며 보조선으로 사용합니다. 스케치 작성 시 일반선을 선택하고 ⊥ 아이콘을 클릭하면 구성선으로 변경됩니다.

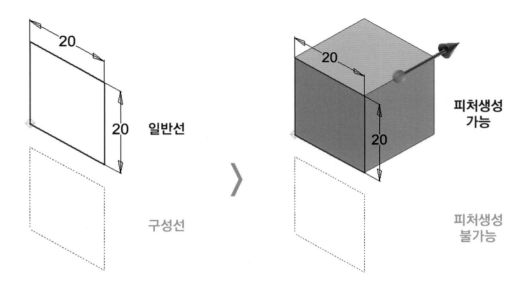

형상투영선

피처 또는 스케치의 형상을 투영시켜 투영선을 생성하는 기능입니다. 점, 선, 면을 투영시킬 수 있으며, 형상투영선을 사용하면 정확한 형상을 모델링 할 수 있습니다. 스케치 작성 시 아이콘을 클릭하고 점, 선, 면을 클릭하면 투영된 점, 선을 활용할 수 있습니다.

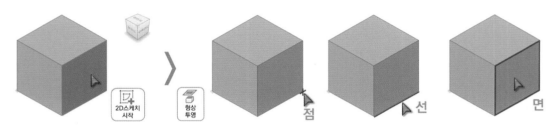

돌출 피처

프로파일(스케치 영역)을 입력한 거리만큼 돌출시켜 피처를 생성하는 기능입니다.

	곡면	속이 빈 곡면 생성
	프로파일	스케치 영역 미선택
	프로파일	스케치 영역 선택
	사이	두 면 사이에 돌출 피처 생성
	방향	돌출 방향
	거리A	돌출 거리
	전체 관통	가장 끝의 면까지 돌출 피처 생성
	끝	지정한 면까지 돌출 피처 생성
	다음까지	다음 면까지 돌출 피처 생성
	접합	새로운 피처를 기존 피처에 추가
	잘라내기	새로운 피처를 기존 피처에서 제거
	교차	교차하는 영역의 피처 생성
	새솔리드	새로운 솔리드 본체 생성
	테이퍼A	기울어진 형태의 피처 생성

1 「2D스케치 시작」을 클릭하고 정면도에 스케치합니다.

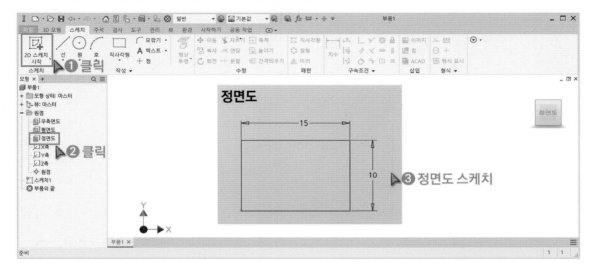

2 3D모형의 「돌출」 아이콘을 클릭합니다. 프로파일(스케치영역)이 한 개일 경우 자동으로 인식되며, 입력한 거리값에 따라 작업평면의 수직 방향으로 돌출 피처가 생성됩니다.

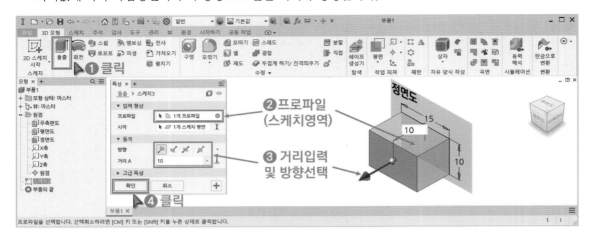

3 작업트리의 작업내용을 파악합니다. 「2D스케치 시작」을 클릭하여 솔리드 피처 앞면에 스케치합니다.

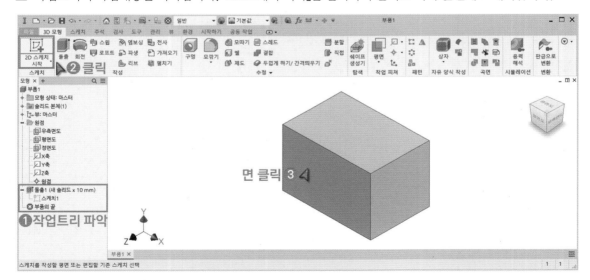

4 「형상투영」을 클릭하고 피처의 면을 투영시킵니다. 투영된 선 위에 2개의 원을 스케치합니다.

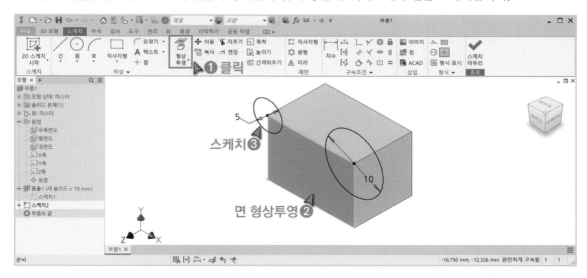

5 프로파일(스케치영역)을 선택하고 거리값을 입력하고 돌출 방향, 접합을 클릭하여 돌출합니다. 프로파일
이 2개 이상일 경우 직접 영역을 선택해주어야 하며, [CTRL] 키를 누른 상태에서 프로파일을 선택하면 선
택 및 취소할 수 있습니다.

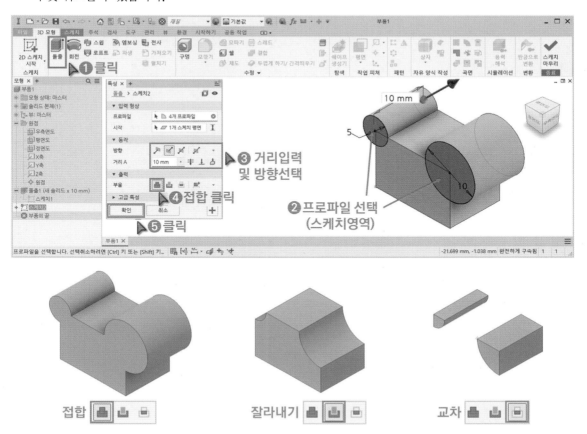

모깎기(필렛)

피처의 뾰족한 모서리를 둥글게 하는 기능입니다. 피처의 모서리를 클릭하여 만들 수 있습니다.

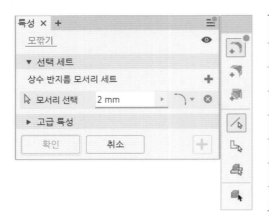

⬉	모서리	모서리 미선택
⬆	모서리	모서리 선택
	반지름(R)	반지름(R) 값(mm) 입력
✚	추가	다른 값의 모깎기 추가
⟋	모서리	개별 모서리 선택
⬚	루프	연결된 모서리 선택
⬛	피처	피처의 전체 모서리 선택
⬛	솔리드	솔리드의 전체 모서리 선택

■ 3D모형 도구모음의 「모깎기」 아이콘을 클릭합니다. 모깎기 반지름 값(mm)을 입력하고 모서리를 선택합니다. CTRL 키를 누른 상태에서 모서리를 선택하면 선택 및 취소할 수 있습니다.

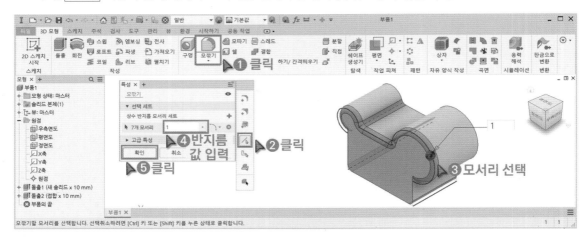

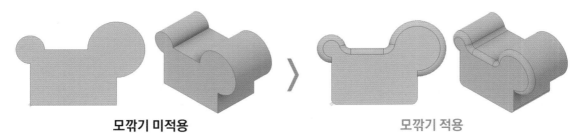

모깎기 미적용 > **모깎기 적용**

모따기(챔퍼)

피처의 뾰족한 모서리를 45°의 각도 또는 그 외의 각도로 만드는 기능입니다. 피처의 모서리를 클릭하여 만들 수 있습니다.

	거리 모따기		거리 값으로 모따기
	거리&각도 모따기		거리와 각도 값으로 모따기
	두거리 모따기		두개의 거리 값으로 모따기
	모서리		모서리 선택
	모서리		모서리 미선택
	거리(C)		모따기(C) 값(mm) 입력
	세트백 있음		교차에서 평평한 모따기 생성
	세트백 있음		교차에서 뾰족한 구석점 생성

1 3D모형 도구모음의 「모따기」 아이콘을 클릭합니다. 모따기 값(mm)을 입력하고 모서리를 선택합니다. CTRL 키를 누른 상태에서 모서리를 선택하면 선택 및 취소할 수 있습니다.

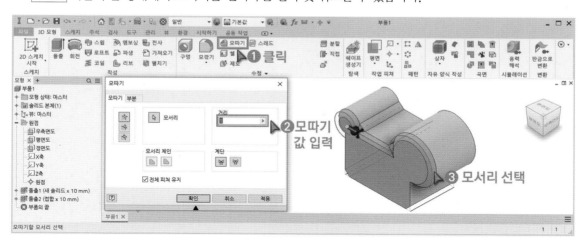

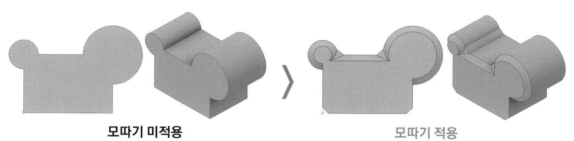

모따기 미적용 > **모따기 적용**

5 **효율적인 모델링 방법** 중요Point

모델링을 효율적으로 한다면 작업 시간을 단축시키고 설계 오류를 감소시킬 수 있습니다.

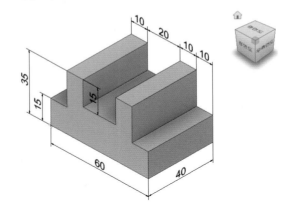

1 모델링 전 작업순서를 구상합니다. 스케치 작성 시 형상의 외형만 스케치합니다.

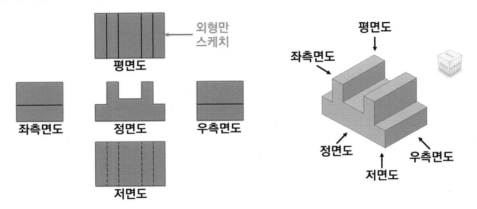

2 작업평면과 스케치, 원점을 구상합니다. 어떤 작업평면을 선정하고 스케치를 하느냐에 따라 작업 효율이
달라집니다.

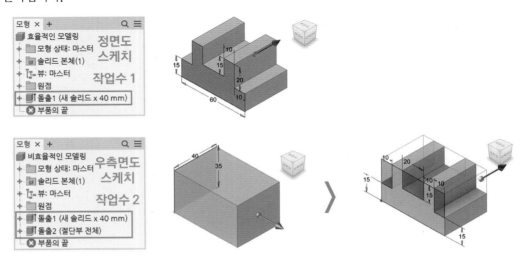

돌출 피처 작성을 위한 연습도면입니다. 각 투상도의 파란색 선을 참고하여 베이스피처의 스케치를 작성하세요.

연습도면 19-1

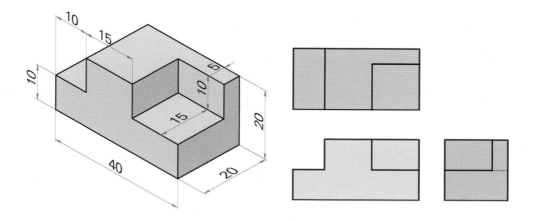

연습도면 19-2

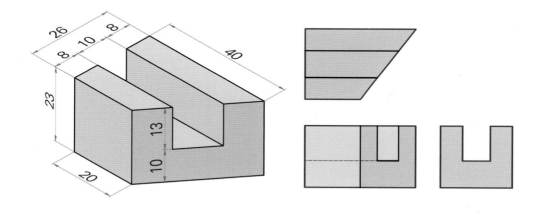

돌출 피처 작성을 위한 연습도면입니다. 각 투상도의 파란색 선을 참고하여 베이스피처의 스케치를 작성하세요.

연습도면 20-1

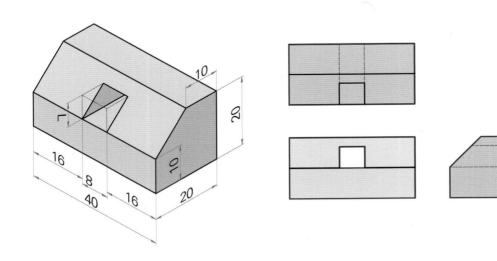

연습도면 20-2

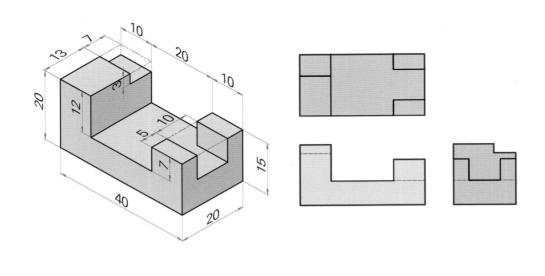

돌출 피처 작성을 위한 연습도면입니다. 각 투상도의 파란색 선을 참고하여 베이스피처의 스케치를 작성하세요.

연습도면 21-1

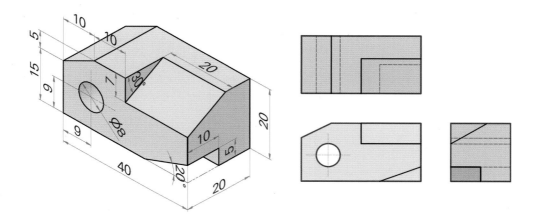

연습도면 21-2

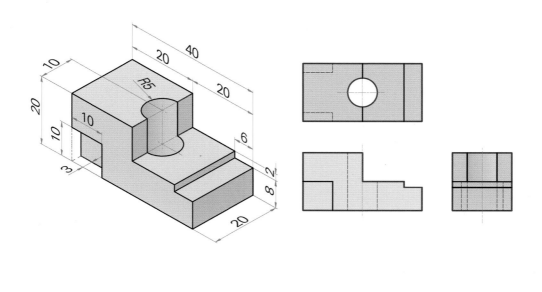

돌출 피처 작성을 위한 연습도면입니다. 각 투상도의 파란색 선을 참고하여 베이스피처의 스케치를 작성하세요.

연습도면 22-1

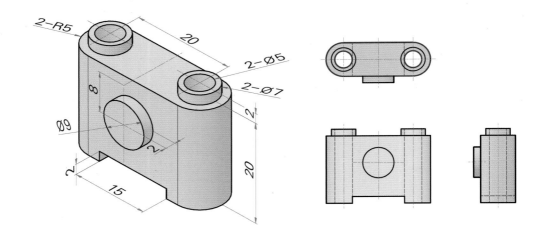

연습도면 22-2

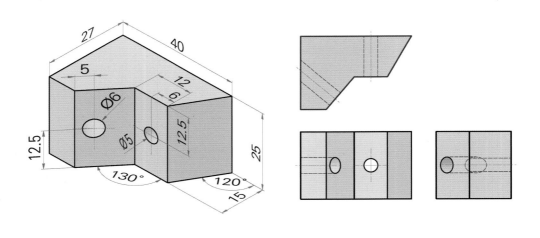

돌출, 모따기, 모깎기 피처 작성을 위한 연습도면입니다. 각 투상도의 파란색 선을 참고하여 베이스피처의 스케치를 작성하세요.

연습도면 23-1

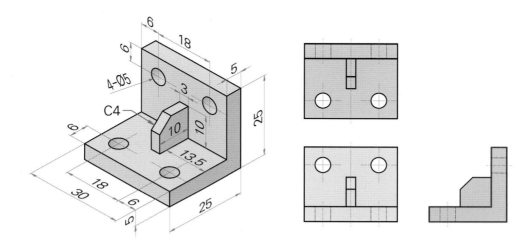

연습도면 23-2

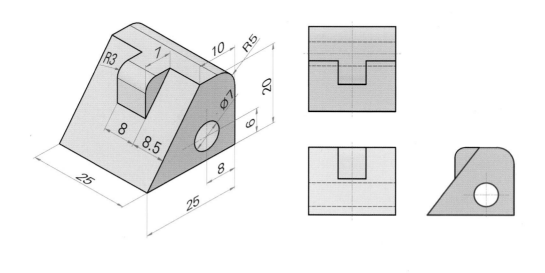

돌출, 모따기, 모깎기 피처 작성을 위한 연습도면입니다. 효율적인 모델링을 위해 작업평면, 원점, 스케치 등을 구상하고 모델링하세요.

연습도면 24-1

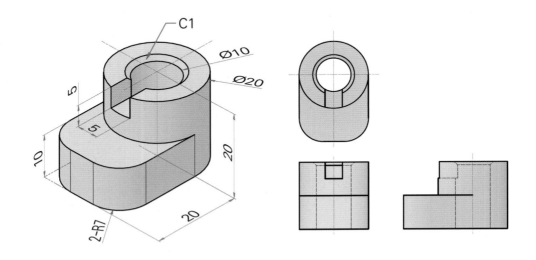

연습도면 24-2

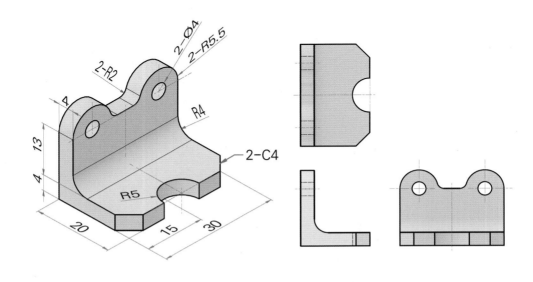

돌출, 모따기, 모깎기 피처 작성을 위한 연습도면입니다. 효율적인 모델링을 위해 작업평면, 원점, 스케치 등을 구상하고 모델링하세요.

연습도면 25-1

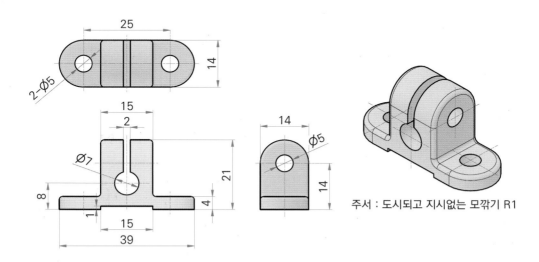

주서 : 도시되고 지시없는 모깎기 R1

연습도면 25-2

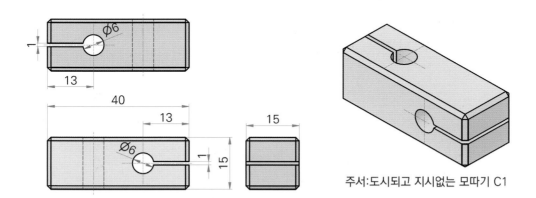

주서:도시되고 지시없는 모따기 C1

돌출, 모따기, 모깎기 피처 작성을 위한 연습도면입니다. 효율적인 모델링을 위해 작업평면, 원점, 스케치 등을 구상하고 모델링하세요.

연습도면 26-1

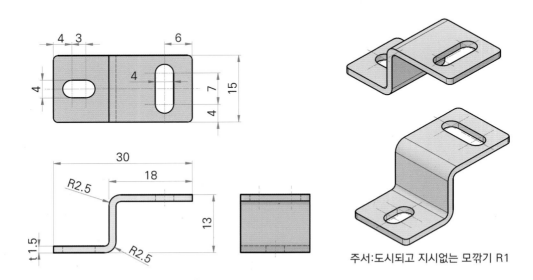

주서:도시되고 지시없는 모깎기 R1

연습도면 26-2

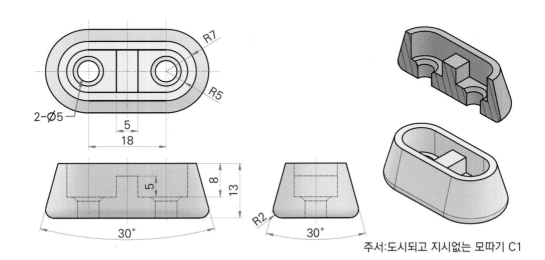

주서:도시되고 지시없는 모따기 C1

https://cafe.naver.com/dongjinc/1038

 회전 피처

프로파일(스케치영역)을 입력한 각도만큼 회전시켜 피처를 생성하는 기능입니다.

아이콘	이름	설명
	곡면	속이 빈 곡면 생성
	프로파일	스케치영역 미선택
	프로파일	스케치영역 선택
	축	회전축 미선택
	축	회전축 선택
	방향	회전 방향
	각도A	입력한 각도만큼 회전
	전체	360° 회전
	끝	지정한 면까지 회전 피처 생성
	다음까지	다음 면까지 회전 피처 생성
	접합	새로운 피처를 기존 피처에 추가
	잘라내기	새로운 피처를 기존 피처에서 제거
	교차	교차하는 영역의 피처 생성
	새솔리드	새로운 솔리드 본체 생성

1 「2D스케치 시작」을 클릭하고 정면도에 스케치합니다.

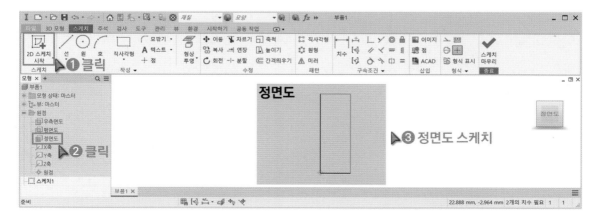

2 왼쪽의 선을 「중심선」으로 변경합니다. 중심선은 회전 피처의 중심축이 되며 지름치수를 기입할 때 사용합니다.

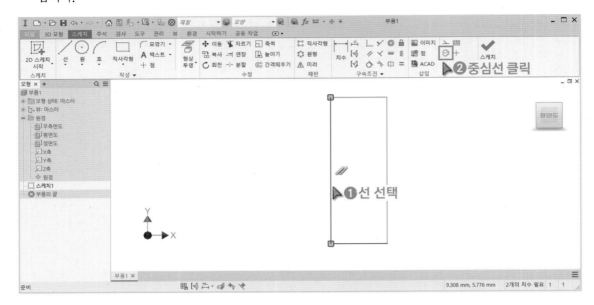

3 중심선과 일반선을 클릭하여 「지름치수」를 기입합니다.

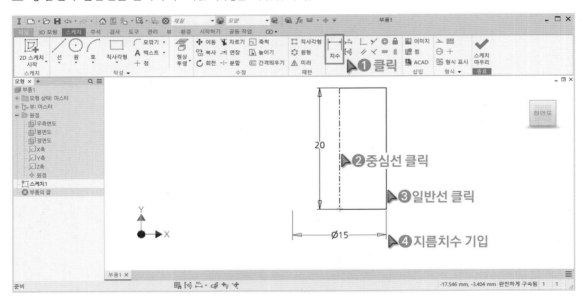

4️⃣ 3D모형 도구모음의 「회전」아이콘을 클릭합니다. 회전축(중심선)이 한 개일 경우 자동으로 인식이 되며, 입력한 각도 값에 따라 회전피처가 생성됩니다.

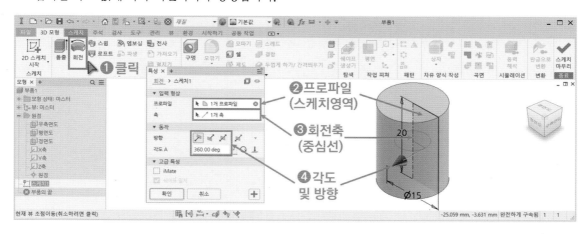

5️⃣ 회전 피처는 회전체의 단면과 회전축을 고려하여 스케치합니다.

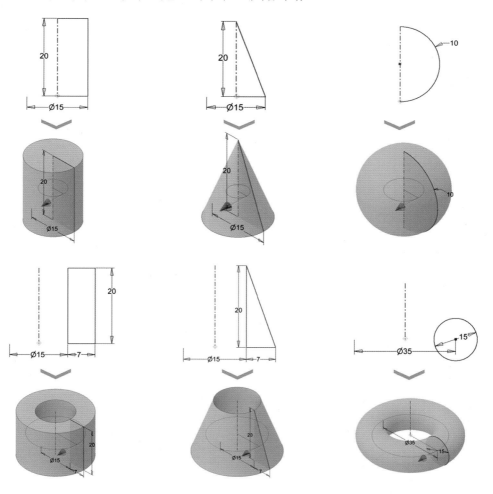

리브(보강대) 피처

열린 영역의 스케치를 사용하여 보강대를 생성하는 기능입니다.

1 아래 스케치를 참고하여 회전피처를 생성합니다.

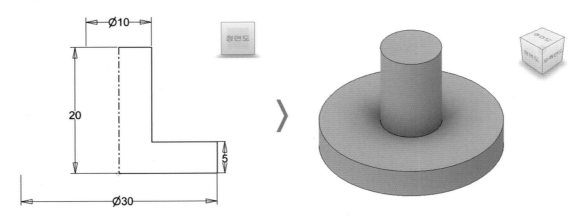

2 정면도에 스케치를 작성합니다. 작업영역에서 마우스 우클릭하여 「그래픽 슬라이스 F7」 기능을 실행합니다. 그래픽 슬라이스는 작업평면의 앞에 있는 모든 형상을 숨긴 후 절단면을 보여주는 기능입니다.

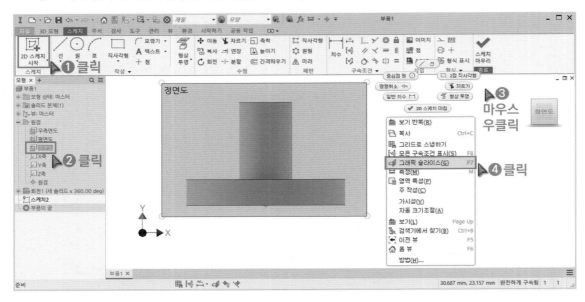

3 「절단 모서리 투영」 아이콘을 클릭합니다. 절단모서리 투영은 절단면의 모든 모서리선을 투영시키는 기능입니다.

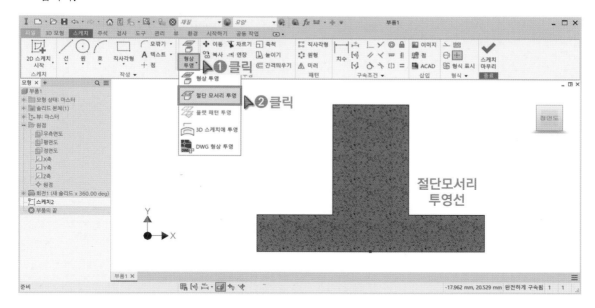

4 투영선을 전체 선택하고 「구성선」으로 변경합니다.

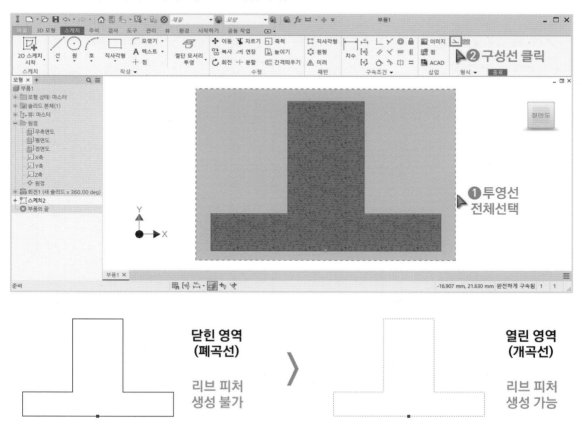

닫힌 영역
(폐곡선)

리브 피처
생성 불가

열린 영역
(개곡선)

리브 피처
생성 가능

5 직선 2개로 열린 영역의 스케치를 작성합니다.

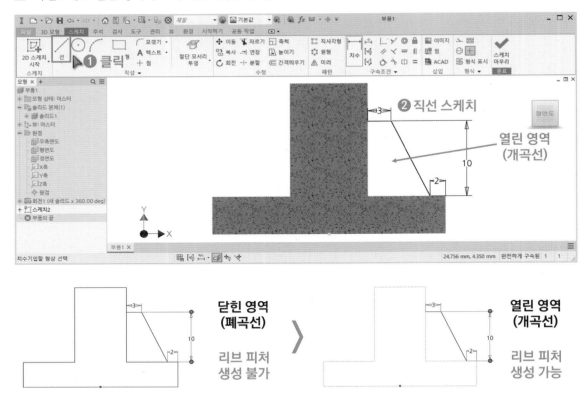

6 3D모형 도구모음의 「리브」 아이콘을 클릭합니다. 방향, 두께, 형태를 지정하여 리브를 생성합니다. 리브를 생성하기 위한 조건은 첫째, 열린 영역으로 스케치가 작성되어야 합니다. 둘째, 스케치의 양 끝점은 솔리드피처와 일치하고 있어야 합니다.

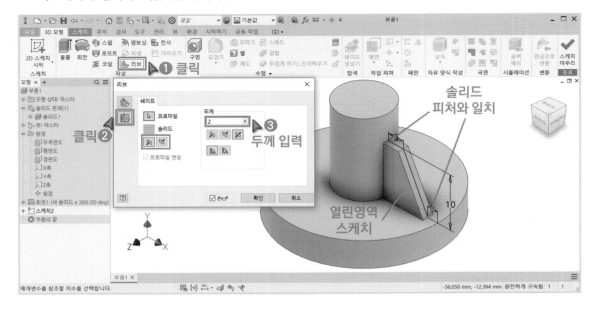

회전 피처 작성을 위한 연습도면입니다. 회전체의 단면을 스케치하여 모델링하세요.

연습도면 27-1

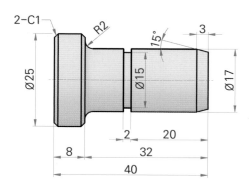

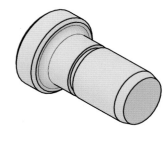

연습도면 27-2

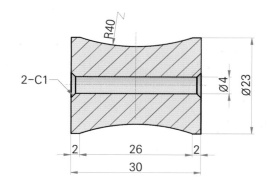

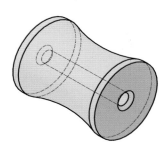

연습도면 27-3

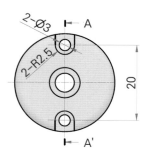

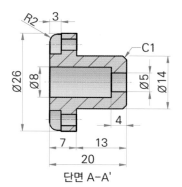

단면 A-A'

회전 피처 작성을 위한 연습도면입니다. 회전체의 단면을 스케치하여 모델링하세요.

연습도면 28-1

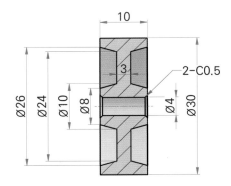
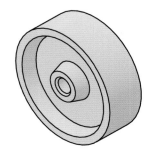

연습도면 28-2

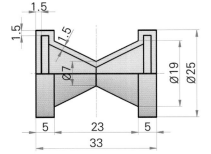
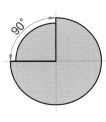
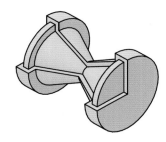

연습도면 28-3

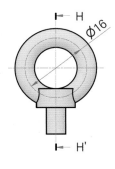
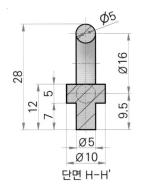

단면 H-H'

리브 피처 작성을 위한 연습도면입니다. 리브의 형상을 파악하고 열린 영역을 스케치하여 모델링하세요.

연습도면 29-1

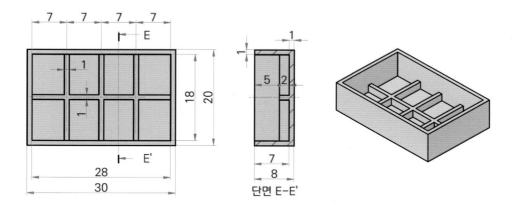

단면 E-E'

연습도면 29-2

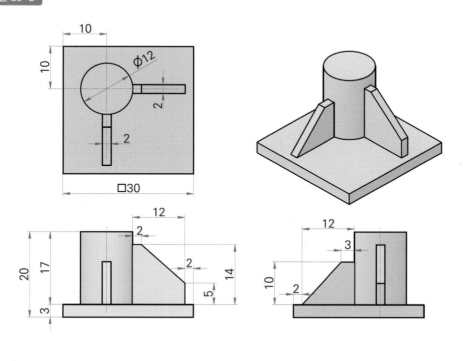

리브 피처 작성을 위한 연습도면입니다. 리브의 형상을 파악하고 열린 영역을 스케치하여 모델링하세요.

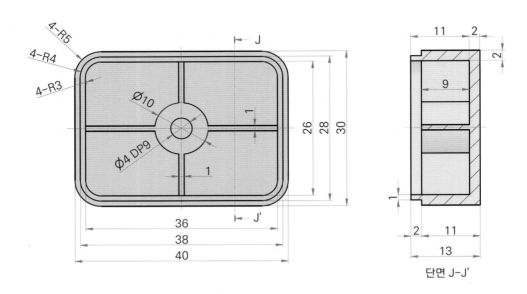

단면 J-J'

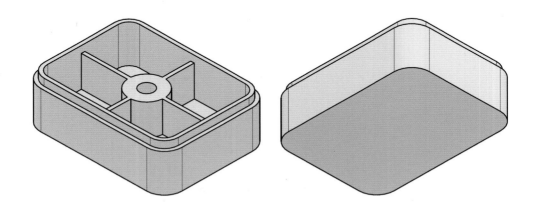

3D피처 수정

학습목표 • KS 및 ISO 관련 규격을 준수하여 형상을 모델링할 수 있다.
• 특징형상 설계를 이용하여 요구되어지는 3D형상모델링을 완성할 수 있다.
• 연관복사 기능을 이용하여 원하는 형상으로 편집하고 변환할 수 있다.

1 피처 패턴 실습 Point

▶ https://cafe.naver.com/dongjinc/1043

직사각형 패턴

피처를 직선 방향(행, 열)으로 배열하는 기능입니다.

	피처패턴	개별 피처 패턴화
	솔리드패턴	솔리드 전체 패턴화
	피처	피처 미선택
	피처	피처 선택
	방향1	모서리 미선택
	방향1	모서리 선택
	반전	패턴 방향 반전
	중간평면	양방향으로 패턴 생성
	수량	패턴 수량 입력
	간격	패턴 간격 입력

1 아래와 같이 피처를 생성합니다.

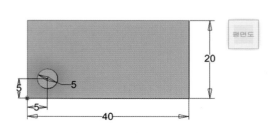

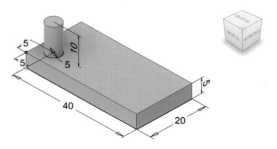

2 3D모형의 「직사각형 패턴」 아이콘을 클릭합니다. 원기둥을 피처로 선택하고 방향, 패턴의 개수, 간격, 방향을 지정합니다.

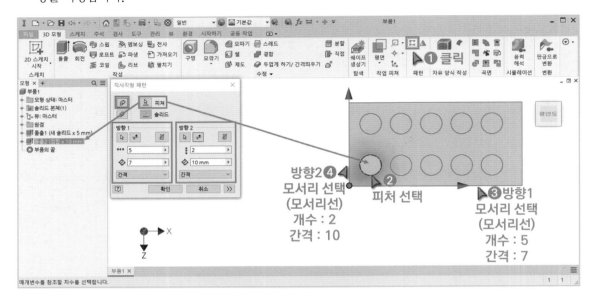

3 패턴의 피처 일부를 삭제하려면 작업트리의 패턴 발생에서 마우스 우클릭하고 「억제」를 클릭합니다.

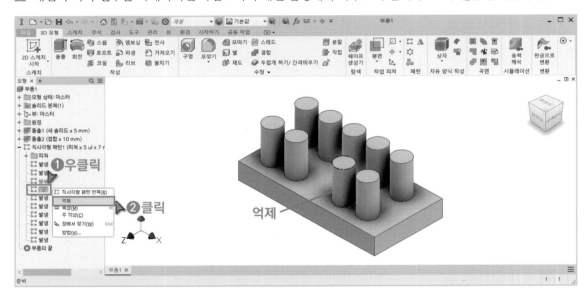

⊞ 스케치 연계 패턴

피처를 스케치 점에 생성하는 기능입니다.

1 패턴을 삭제하고 아래와 같이 스케치 점을 작성합니다.

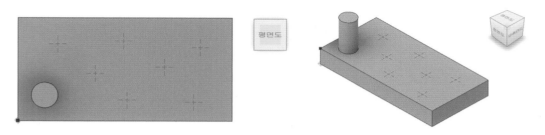

2 3D모형 도구모음의 「스케치연계패턴」 아이콘을 클릭합니다. 원기둥을 피처로 선택합니다. 스케치의 점은 자동으로 인식됩니다.

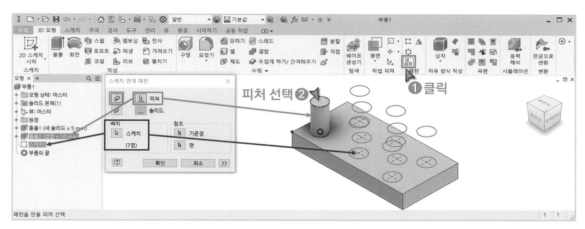

3 패턴 피처의 일부를 삭제하려면 작업트리의 패턴 발생에서 마우스 우클릭하고 「억제」를 클릭합니다.

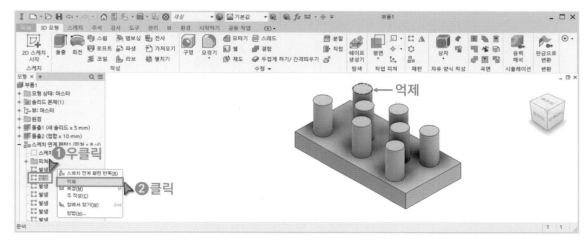

미러 패턴

평면을 기준으로 피처를 대칭복사하는 기능입니다.

1 패턴을 삭제하고 아래와 같이 피처를 생성합니다.

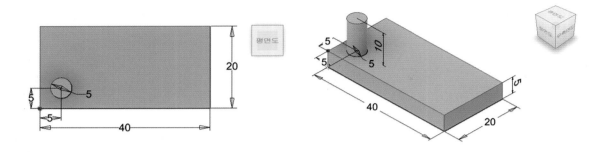

2 3D모형 도구모음의 「미러 패턴」 아이콘을 클릭합니다. 2개의 피처를 선택하고 옆면을 미러 평면으로 선택합니다.

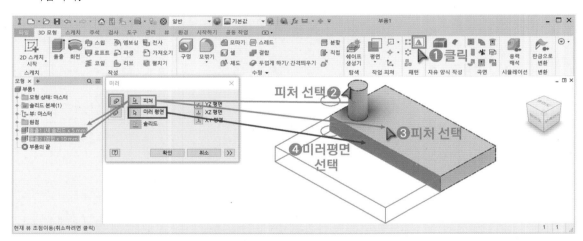

3 완성된 형상을 확인합니다.

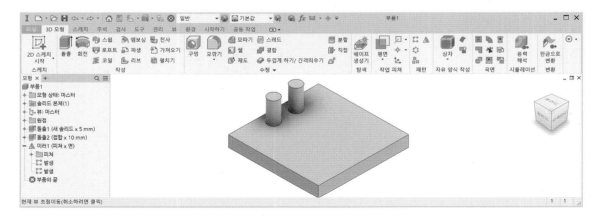

원형 패턴

피처를 원형으로 배열하는 기능입니다.

1 아래와 같이 피처를 생성합니다.

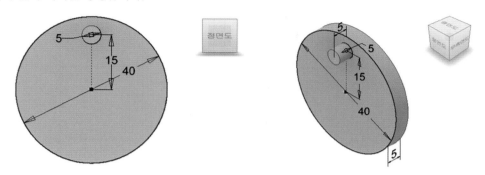

2 3D모형 도구모음의 「원형패턴」 아이콘을 클릭합니다. 원기둥을 피처로 선택하고 원기둥의 옆면을 클릭하여 회전축을 선택합니다. 배치 개수, 각도, 방향을 지정합니다.

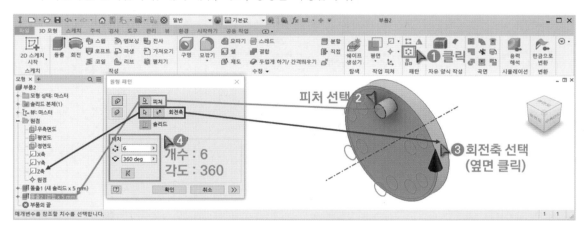

3 패턴 피처의 일부를 삭제하려면 작업트리의 패턴 발생에서 마우스 우클릭하고 「억제」를 클릭합니다.

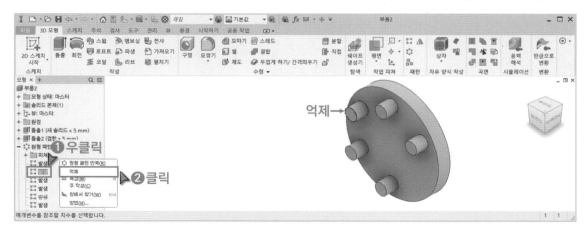

iProperties

파일의 정보를 관리하고 재질, 질량, 면적, 체적 등을 확인하는 기능입니다.

1 작업트리의 부품에서 우클릭 후「iProperties」를 클릭합니다. 물리적 탭에서 면적과 체적 등을 확인할 수 있습니다. 각 재질에 따라 밀도가 자동으로 입력되고 질량을 확인할 수 있습니다.

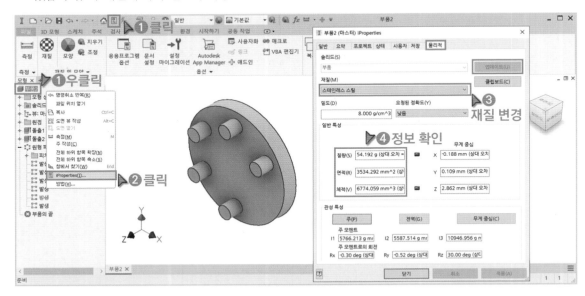

2 신속 접근 도구막대에서 더욱 쉽게 재질을 변경할 수 있습니다.

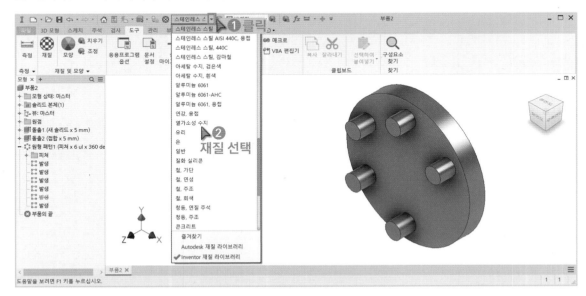

패턴 피처 활용을 위한 연습도면입니다. 재질은 일반으로 설정하고 질량을 측정하세요. 정확하게 모델링 했는지 연습도면의 질량과 비교해보세요.(등간격 치수 : 개수×거리=총 거리)

연습도면 31-1

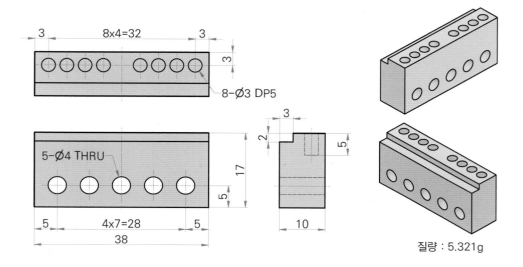

질량 : 5.321g

연습도면 31-2

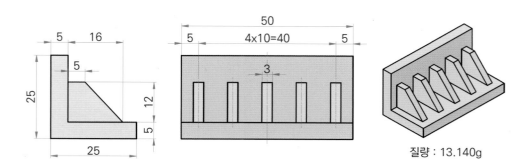

질량 : 13.140g

패턴 피처 활용을 위한 연습도면입니다. 재질은 일반으로 설정하고 질량을 측정하세요. 정확하게 모델링 했는지 연습도면의 질량과 비교해보세요.(등간격 치수 : 개수×거리=총 거리)

연습도면 32-1

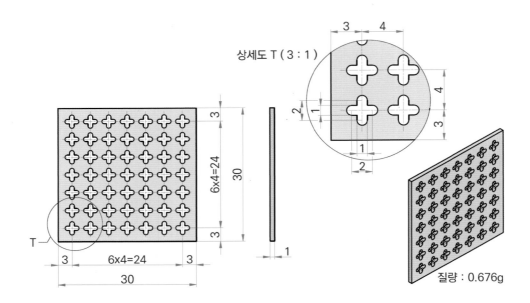

상세도 T (3 : 1)

질량 : 0.676g

연습도면 32-2

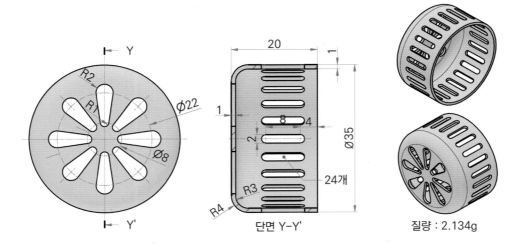

단면 Y-Y'

질량 : 2.134g

패턴 피처 활용을 위한 연습도면입니다. 재질은 일반으로 설정하고 질량을 측정하세요. 정확하게 모델링 했는지 연습도면의 질량과 비교해보세요.

연습도면 33-1

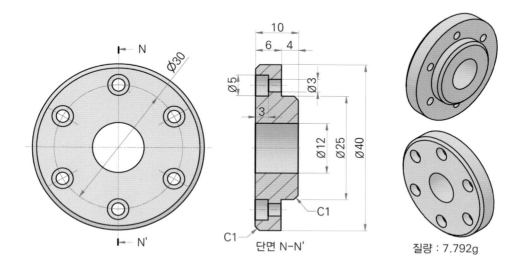

단면 N-N'

질량 : 7.792g

연습도면 33-2

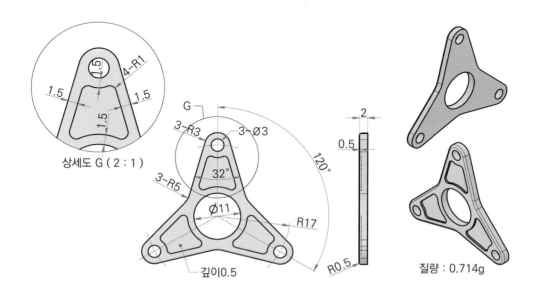

상세도 G (2 : 1)

질량 : 0.714g

패턴 피처 활용을 위한 연습도면입니다. 재질은 일반으로 설정하고 질량을 측정하세요. 정확하게 모델링 했는지 연습도면의 질량과 비교해보세요.

연습도면 34-1

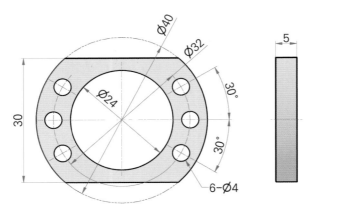

질량 : 2.738g

연습도면 34-2

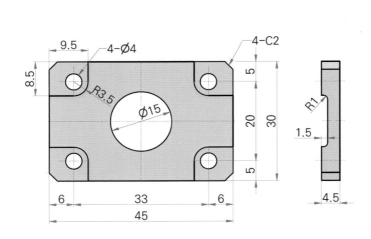

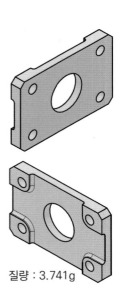

질량 : 3.741g

패턴 피처 활용을 위한 연습도면입니다. 재질은 일반으로 설정하고 질량을 측정하세요. 정확하게 모델링 했는지 연습도면의 질량과 비교해보세요.

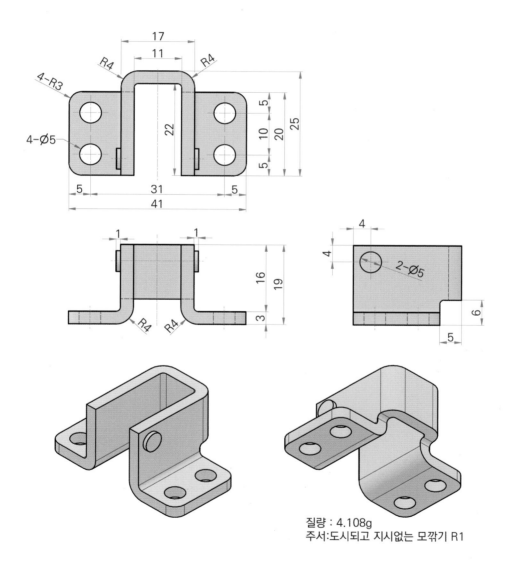

질량 : 4.108g
주서:도시되고 지시없는 모깎기 R1

https://cafe.naver.com/dongjinc/1049

 구멍

볼트를 조립하기 위한 일반구멍이나 암나사부를 모델링하는 기능입니다.

육각머리볼트
(Hexagon headed bolt)

접시머리볼트
(Flat headed bolt)

육각구멍붙이볼트
(Hexagon socket headed bolt)

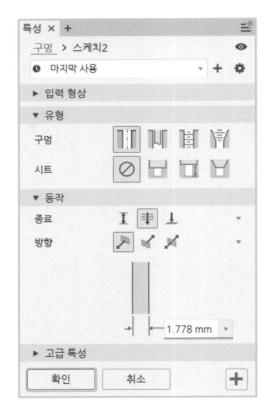

	단순 구멍	스레드가 없는 단순 드릴 구멍
	틈새 구멍	볼트의 지름보다 큰 볼트 구멍
	탭 구멍	볼트를 체결하기 위한 탭 구멍
	테이퍼탭 구멍	테이퍼 각도를 갖는 탭 구멍
	없음	단순형태의 구멍
	카운터 보어	볼트의 머리를 묻기 위한 구멍
	접촉 공간	볼트의 머리가 접촉되도록 하는 구멍
	카운터 싱크	접시머리볼트를 묻기 위한 구멍
	거리	깊이 값을 입력하는 구멍
	전체 관통	전체 관통하는 구멍
	끝	지정한 면까지 뚫리는 구멍
	방향	구멍의 방향

1 아래와 같이 피처와 스케치 점을 생성합니다. 점의 위치는 임의의 위치로 작성합니다.

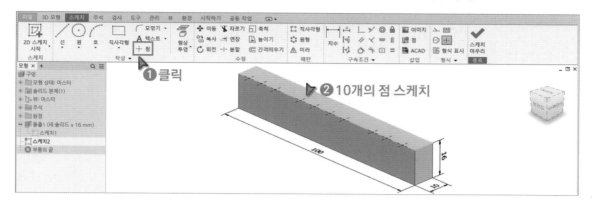

2 3D모형 도구모음의 「구멍」 아이콘을 클릭합니다. CTRL 키를 사용하여 선택된 점을 선택 및 해제합니다.

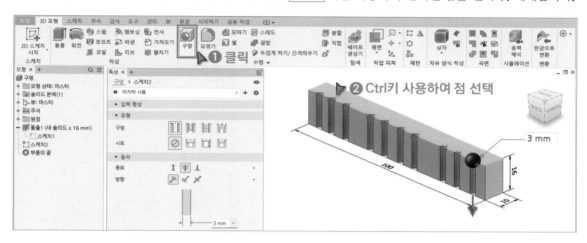

3 구멍의 유형 및 동작을 선택하고 깊이 값과 지름 값을 입력합니다.

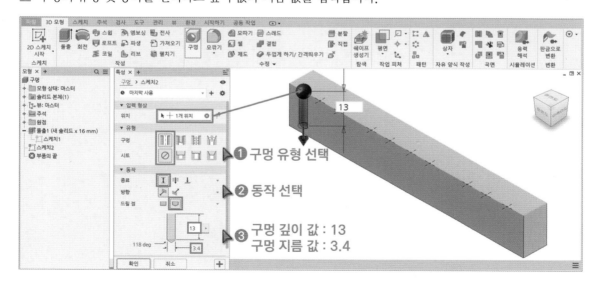

4 구멍의 크기를 알고 있다면 🔳 「단순 구멍」을 선택하여 구멍을 생성합니다. (DRILL : 드릴 구멍, C.B : 카운터 보어, C.S : 카운터 싱크, DP : 깊이)

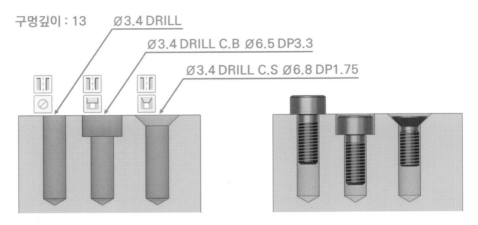

5 구멍에 조립되는 볼트의 크기를 알고 있다면 🔳 「틈새 구멍」을 선택하여 구멍을 생성합니다. (M : 미터 보통나사)

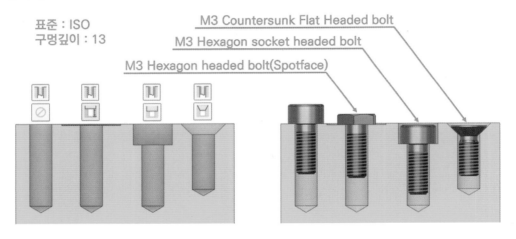

6 암나사부에 조립되는 볼트의 크기를 알고 있다면 🔳 「탭 구멍」을 선택하여 암나사부를 생성합니다.

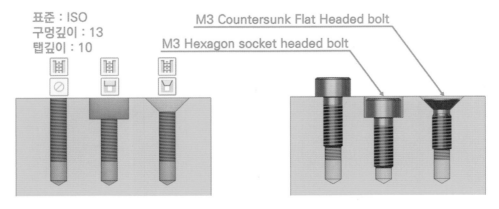

3 피처 수정-2 실습 Point

구멍

볼트를 조립하기 위한 일반구멍이나 암나사부를 모델링하는 기능입니다.

쉘

일정한 두께를 갖는 형상을 생성하는 기능입니다. 선택하는 면이 제거되며 그 외의 면은 지정한 값의 두께를 갖게 됩니다. 케이스와 같은 제품을 모델링할 때 사용합니다.

제도

피처의 면을 기울이는 기능입니다. 돌출의 테이퍼 기능과 달리 제도 기능은 원하는 면만 기울기를 줄 수 있습니다.

직접

형상의 이동, 크기, 축척, 회전 등을 수정하는 기능입니다. 작업트리에 작업내용을 수정하지 않고도 형상을 쉽게 수정할 수 있는 장점이 있습니다.

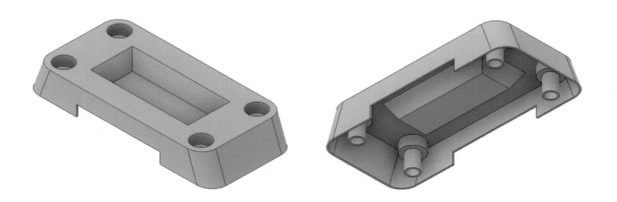

1 아래와 같이 피처와 스케치를 생성합니다.

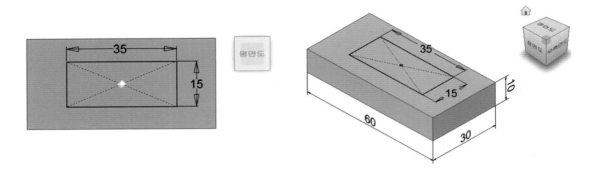

2 「돌출」아이콘을 클릭합니다. 테이퍼 값을 입력해서 돌출하는 4개의 면이 모두 기울기를 갖도록 합니다.

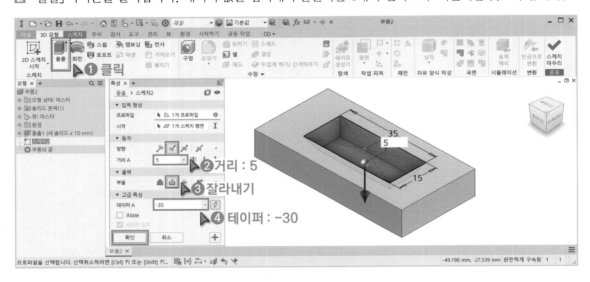

3 「제도」아이콘을 클릭합니다. 두 개의 면을 선택하여 기울기를 줍니다.

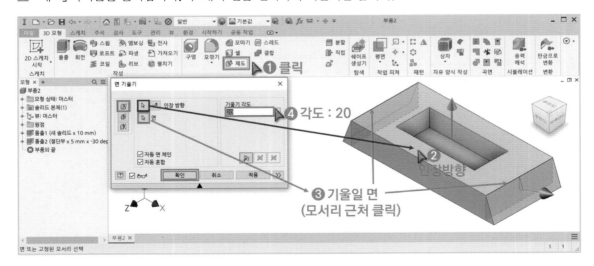

4 「모깎기」아이콘을 클릭합니다. 4개의 모서리에 모깎기를 적용합니다.

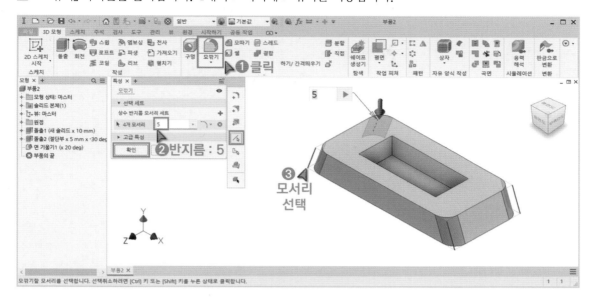

5 피처의 윗면에 스케치합니다. 면 형상투영 후 구성선으로 변경합니다. 모깎기 중심점에 점 4개를 작성합
니다.

6 「구멍」 아이콘을 클릭합니다. 구멍 위치는 스케치점에 의해 자동으로 인식됩니다. 아래의 그림과 같이 설정하여 구멍을 생성합니다.

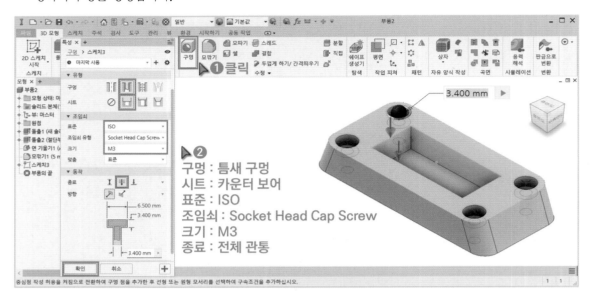

구멍 : 틈새 구멍
시트 : 카운터 보어
표준 : ISO
조임쇠 : Socket Head Cap Screw
크기 : M3
종료 : 전체 관통

7 제품의 앞면에 스케치합니다. 「돌출」 아이콘을 클릭하고 잘라내기 기능으로 피처를 제거합니다.

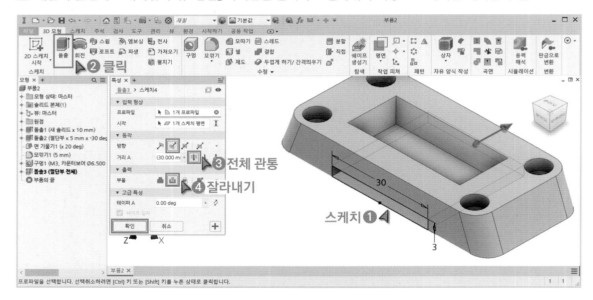

⑧ 「셸」 아이콘을 클릭합니다. 제거할 면을 선택하고 두께와 방향을 설정합니다.

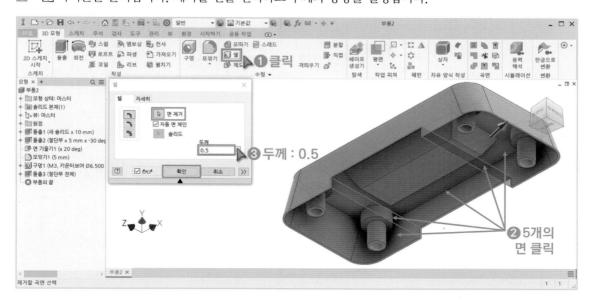

⑨ 「직접」 아이콘을 클릭합니다. 2개의 면을 클릭하고 화살표를 드래그합니다. 이동할 거리 값을 입력하고
 ✛ 아이콘을 클릭합니다.

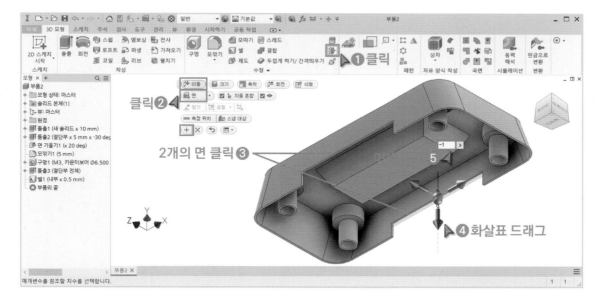

10 「제뷰 도구모음의 ▦ 「반 단면도」 기능은 절단면을 보여주는 기능입니다. 피처의 면을 선택하거나 작업 평면(우측면도, 평면도, 정면도)를 선택하여 절단면을 확인할 수 있습니다.

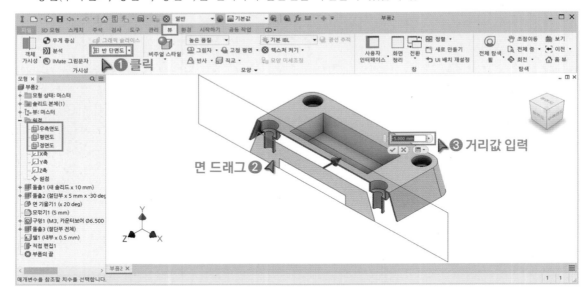

11 🖼️ 「비주얼 스타일」 아이콘을 클릭합니다. 와이어프레임을 선택하여 내부의 구조를 확인합니다.

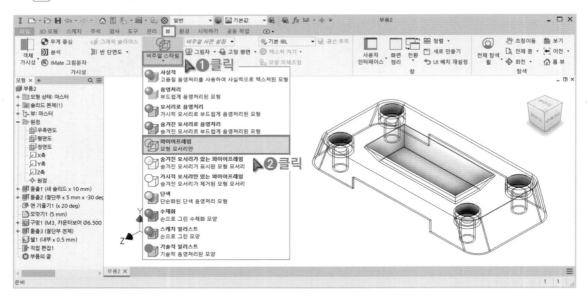

쉘 피처 활용을 위한 연습도면입니다. 재질은 일반으로 설정하여 질량을 측정하고 정확하게 모델링이
되었는지 비교해보세요.

연습도면 36-1

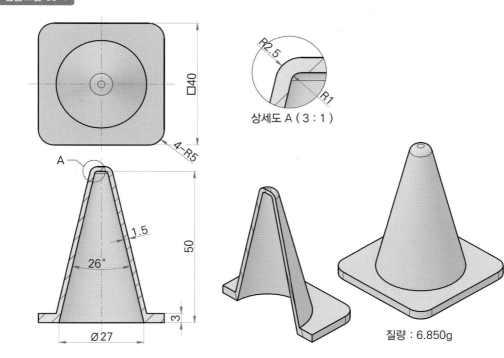

상세도 A (3 : 1)

질량 : 6.850g

연습도면 36-2

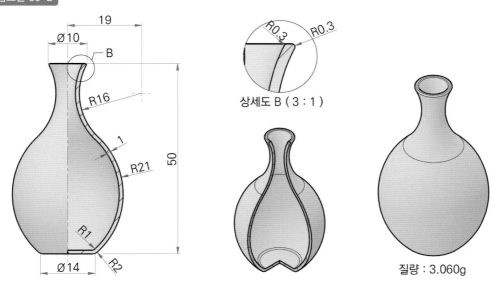

상세도 B (3 : 1)

질량 : 3.060g

쉘 피처 활용을 위한 연습도면입니다. 재질은 일반으로 설정하여 질량을 측정하고 정확하게 모델링이 되었는지 비교해보세요.

연습도면 37-1

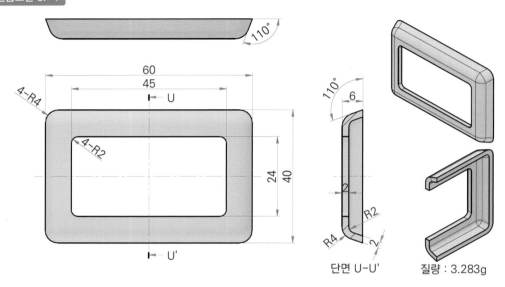

단면 U-U'   질량 : 3.283g

연습도면 37-2

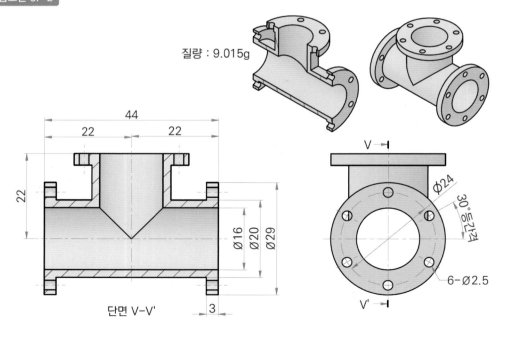

질량 : 9.015g

단면 V-V'

쉘 · 구멍 피처 활용을 위한 연습도면입니다. 재질은 일반으로 설정하여 질량을 측정하고 정확하게 모델링이 되었는지 비교해보세요.

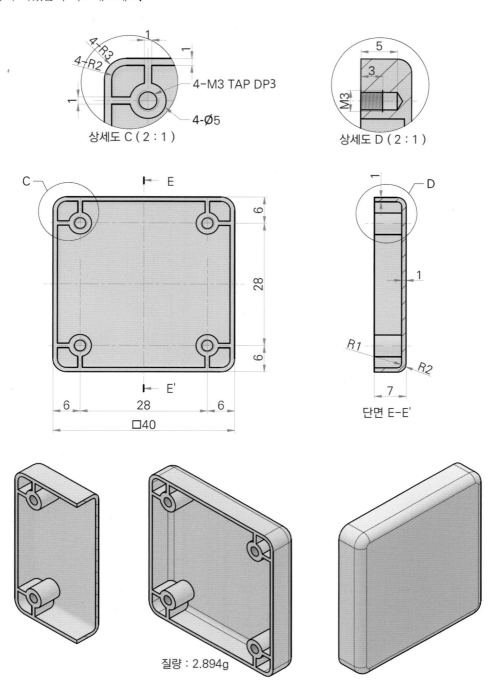

상세도 C (2 : 1)

4-R3
4-R2
1
1
1
4-M3 TAP DP3
4-Ø5

상세도 D (2 : 1)

5
3
M3

C
E
6
28
6
E'
6   28   6
□40

D
1
1
R1
R2
7
단면 E-E'

질량 : 2.894g

쉘 · 구멍 피처 활용을 위한 연습도면입니다. 재질은 일반으로 설정하여 질량을 측정하고 정확하게 모델링이 되었는지 비교해보세요.

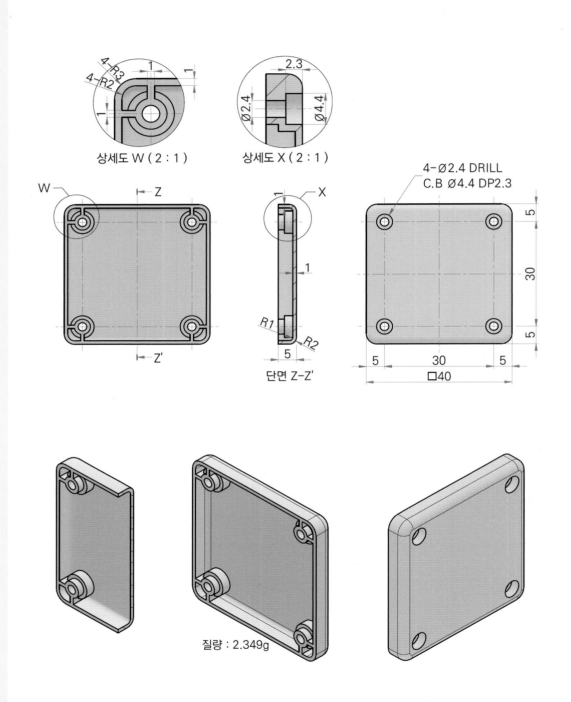

상세도 W (2 : 1)

상세도 X (2 : 1)

단면 Z-Z'

4-Ø2.4 DRILL
C.B Ø4.4 DP2.3

질량 : 2.349g

4 작업평면 및 작업축 생성 [실습 Point]

https://cafe.naver.com/dongjinc/1055

기본 작업평면(정면도, 평면도, 우측면도)과 피처의 면, XYZ축 만으로 복잡한 형상을 구현하는 데 한계가 있습니다. 따라서 복잡한 형상을 구현할 수 있도록 원하는 위치에 작업평면과 작업축을 생성하는 실습을 해보겠습니다.

작업평면

다양한 형태의 작업평면을 생성하는 기능입니다.

작업축

다양한 형태의 작업축을 생성하는 기능입니다.

1 아래와 같이 피처를 생성하고 「작업평면」 아이콘을 클릭합니다.

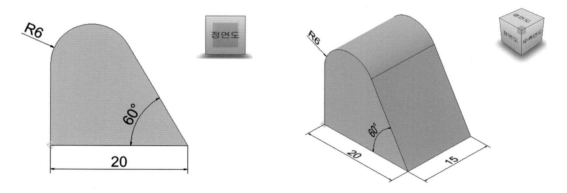

2 오프셋 평면 : 작업평면 또는 피처의 평면을 드래그하여 평면을 생성합니다.

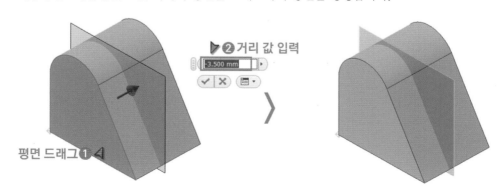

▶**2** 거리 값 입력

-3.500 mm

평면 드래그**1**

3 투영 평면 : 기준이 되는 평면을 클릭하고 점을 클릭하여 평면을 생성합니다.

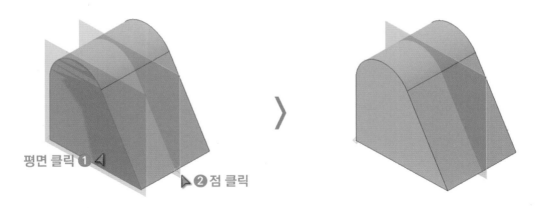

평면 클릭 **1**
2 점 클릭

4 중간 평면 : 두 개의 평면을 클릭하여 중간에 평면을 생성합니다.

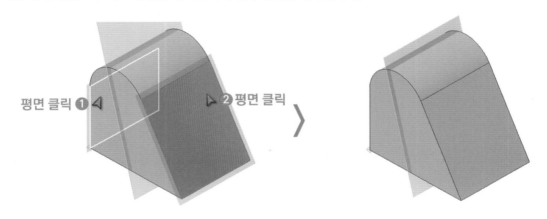

평면 클릭 **1**
2 평면 클릭

5 수직 평면 : 직선을 클릭하고 직선의 끝점을 클릭하여 평면을 생성합니다.

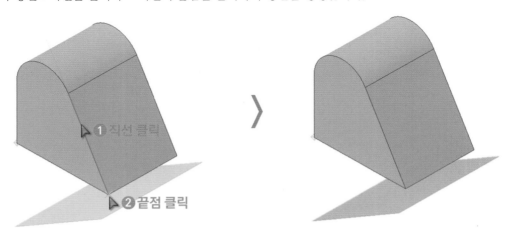

1 직선 클릭
2 끝점 클릭

6 탄젠트 평면 : 기준이 되는 평면을 클릭하고 원통의 옆면을 클릭하여 평면을 생성합니다.

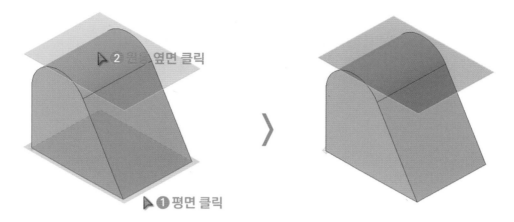

▷ 2 원통 옆면 클릭

▷ ❶ 평면 클릭

7 각도 평면 : 기준이 되는 평면을 클릭하고 모서리를 클릭하여 평면을 생성합니다.

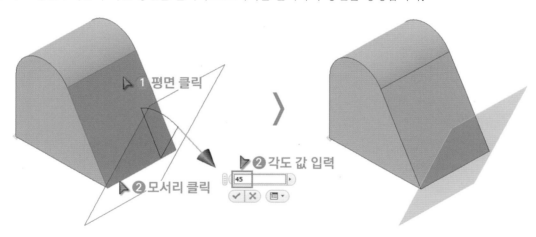

▷ 1 평면 클릭

▷ ❷ 각도 값 입력

45

▷ ❷ 모서리 클릭

8 「작업축」 아이콘을 클릭합니다. 원통의 옆면을 클릭하여 작업축을 생성합니다.

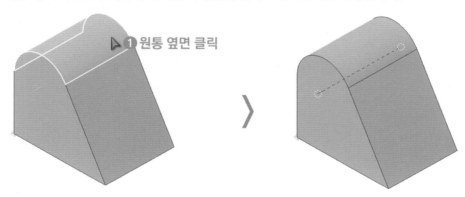

▷ ❶ 원통 옆면 클릭

5 스케치 작업평면 변경 실습 Point

스케치 작성 시 작업평면을 잘못 선정하면 원하지 않는 방향으로 피처가 생성이 되는 경우가 있습니다. 이 경우 '재정의' 기능으로 스케치의 작업평면을 변경하여 원하는 방향으로 피처를 생성할 수 있습니다.

1 스케치가 작성된 작업평면을 확인합니다.

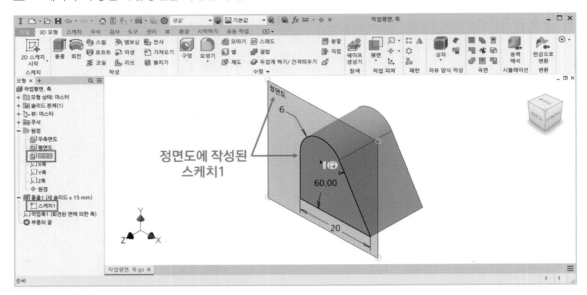

2 '스케치1'에서 우클릭하고 「재정의」를 클릭합니다. 변경하려는 작업평면 '평면도'를 클릭합니다.

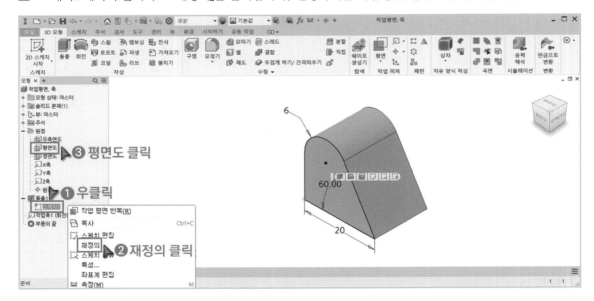

3 변경된 작업평면을 확인합니다.

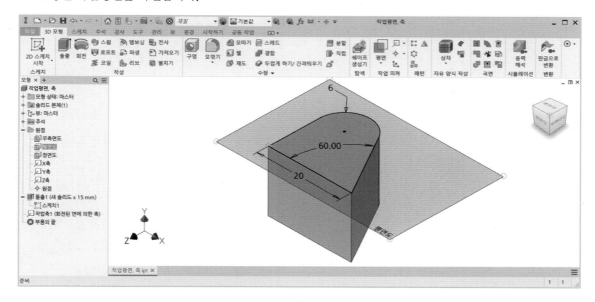

4 작업내용이 복잡할 경우 재정의를 실행하는 중에 오류가 발생할 수 있습니다. 해당 오류를 수정하는 것은 어렵기 때문에 처음부터 작업평면을 잘 선택하는 것이 좋습니다.

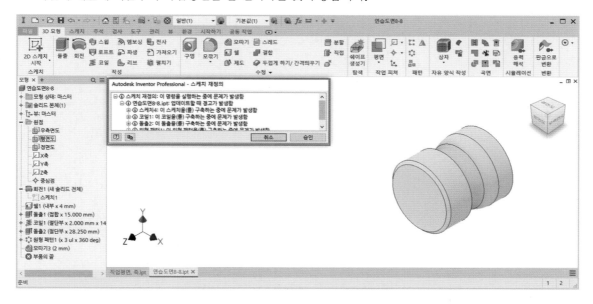

6 **피처 생성-3** 실습 Point

일반적인 피처 생성 방법은 1개의 작업평면의 1개의 스케치를 작성하고 1개의 피처를 생성합니다. 돌출 피처는 1개의 스케치를 사용하는 반면 스윕 피처는 2개의 스케치, 로프트 피처는 2개 이상의 스케치를 사용합니다.

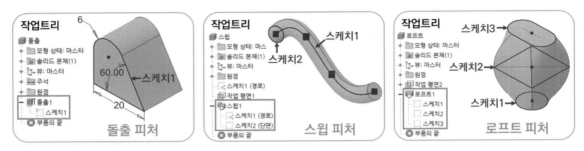

 스윕 피처

프로파일(단면)이 경로를 따라 이동하는 피처를 생성하는 기능입니다.

1 아래와 같이 정면도에 임의의 크기로 스플라인을 스케치를 합니다.

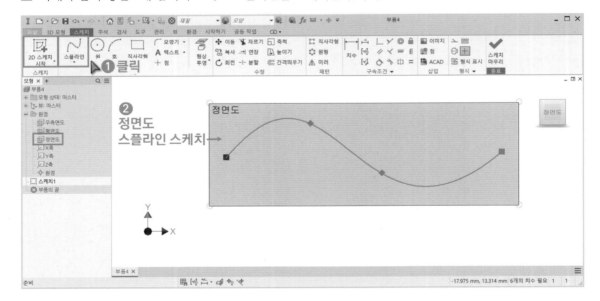

2 「작업평면」아이콘을 클릭합니다. 경로와 끝점을 클릭하여 수직 평면을 생성합니다.

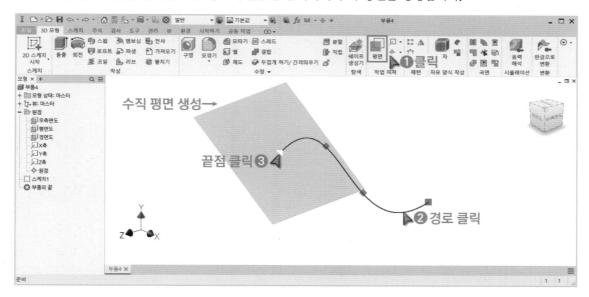

3 수직 평면에 스케치합니다. 끝점을 형상투영하고 원을 스케치합니다.

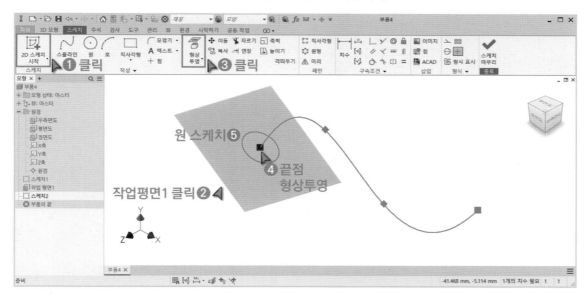

4 「스윕」 아이콘을 클릭합니다. 경로와 단면을 선택하여 스윕 피처를 생성합니다.

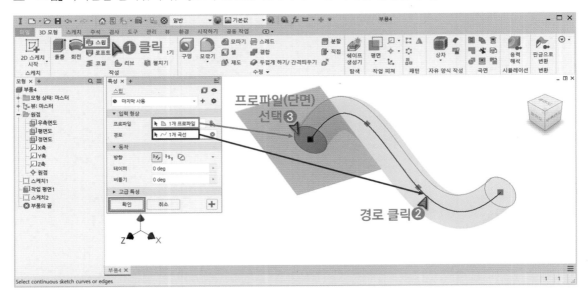

5 만약 경로의 각도가 크거나 단면이 클 경우 간섭이 발생하여 스윕 피처가 생성되지 않습니다.

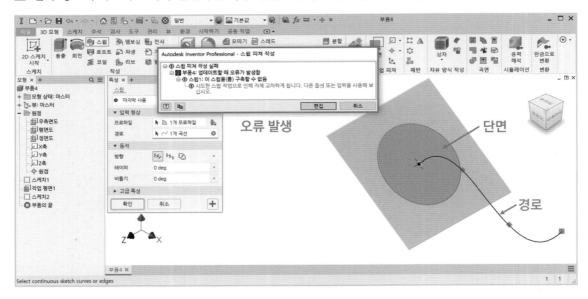

로프트 피처

2개 이상의 프로파일(단면)을 통과하는 피처를 생성하는 기능입니다.

1 「작업평면」을 클릭합니다. 평면도의 꼭짓점을 드래그하여 오프셋 평면을 생성합니다.

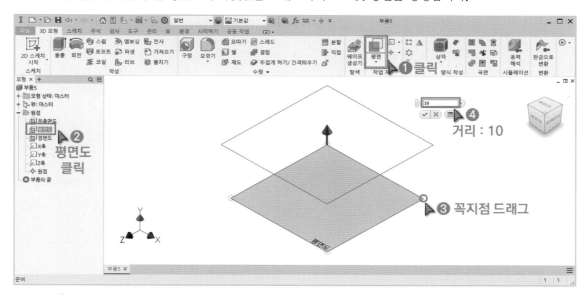

2 3개의 작업평면에 임의의 크기로 3개의 스케치를 작성합니다.

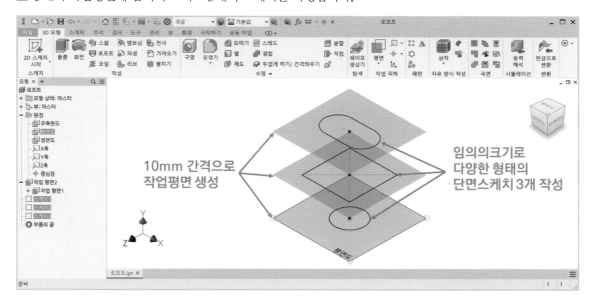

3 「로프트」아이콘을 클릭합니다. 2개의 단면을 클릭하여 로프트 피처를 생성합니다.

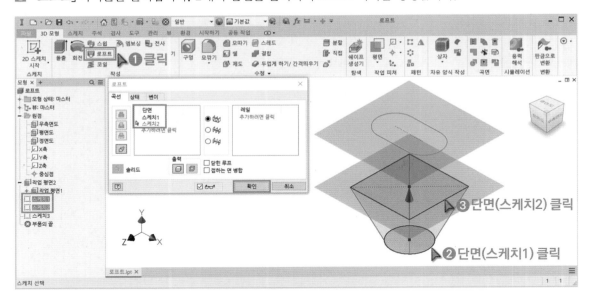

4 동일한 방법으로 로프트 피처를 생성합니다. 피처의 면은 단면으로 사용할 수 있습니다.

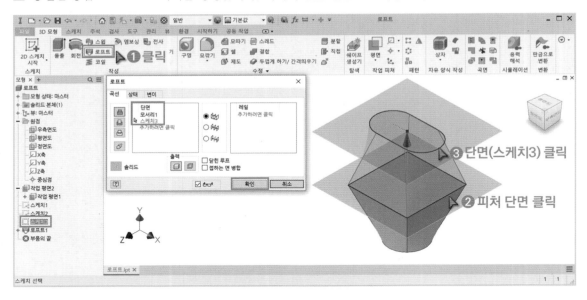

5 생성된 형상을 확인합니다.

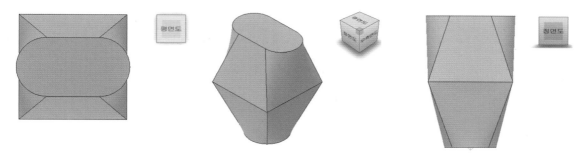

6 실행취소 단축키 「 CTRL + Z 」를 실행하여 아래의 시점으로 돌아옵니다.

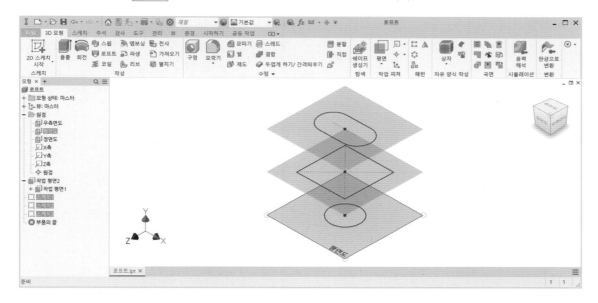

7 순서대로 3개의 단면을 선택하여 로프트 피처를 생성합니다.

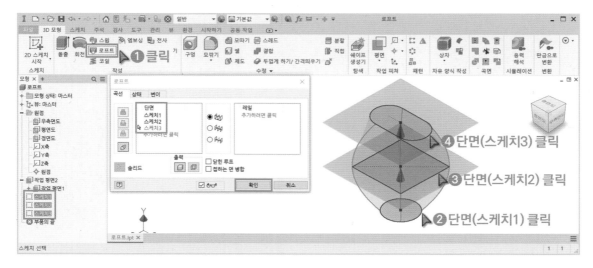

8 생성된 로프트 피처의 형태를 확인합니다.

9 만약 순서대로 단면을 선택하지 않거나 단면의 크기의 차이가 클 경우 간섭이 발생해 로프트 피처가 생성
되지 않습니다.

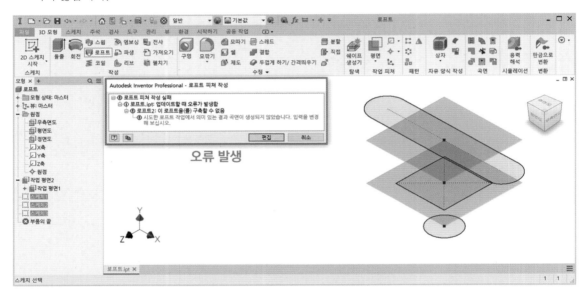

코일 피처

https://cafe.naver.com/dongjinc/1057

1개의 단면 스케치를 활용하여 나선형의 스프링이나 나사부를 생성하는 기능입니다.

1 정면도에 아래와 같이 단면 스케치를 작성합니다.

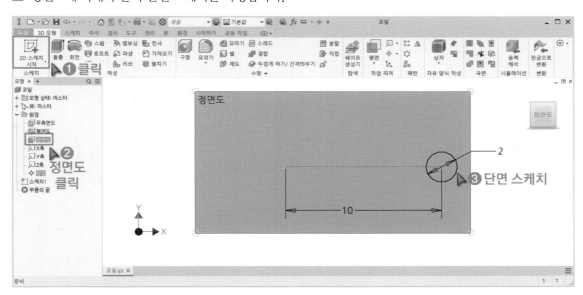

2 3D모형의 「코일」 아이콘을 클릭합니다. 회전축을 Y축으로 선택하고 방향, 피치, 회전 등을 입력합니다.

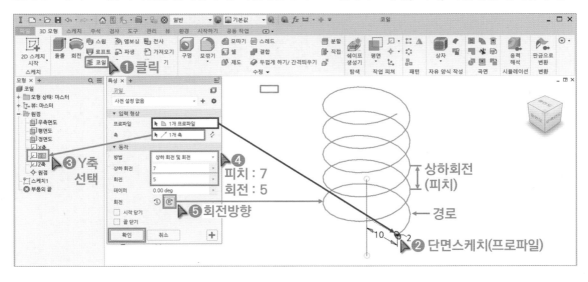

3 단면 스케치의 형태에 따라 코일피처의 형상이 달라집니다.

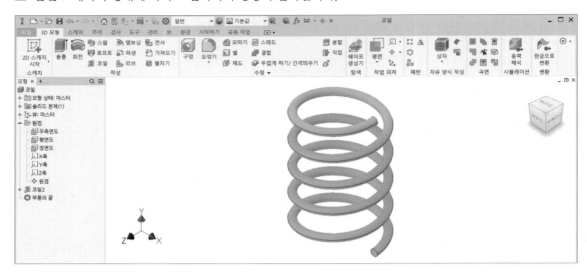

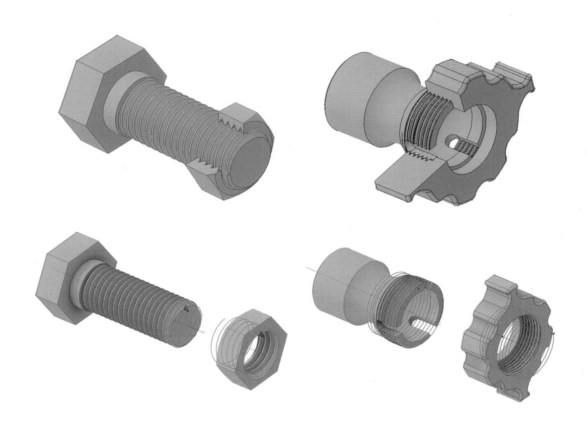

스레드 피처

구멍 또는 축 면에 나사산 이미지를 씌우는 기능입니다. 코일 기능은 피처의 형상을 바꾸는 반면 스레드 기능은 피처의 형상을 변화시키지 않습니다.

1 아래와 같이 피처를 생성합니다.

2 3D모형의 「스레드」 아이콘을 클릭합니다. 피처의 면을 클릭하고 적용하고자 하는 나사의 규격을 적용합니다.

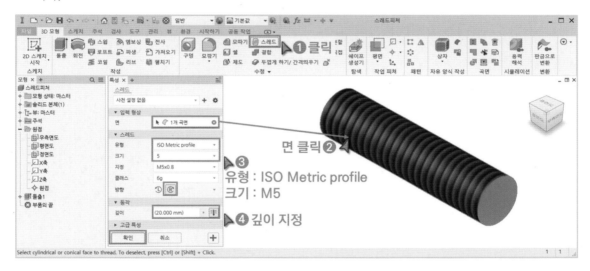

3 형상을 확인합니다.

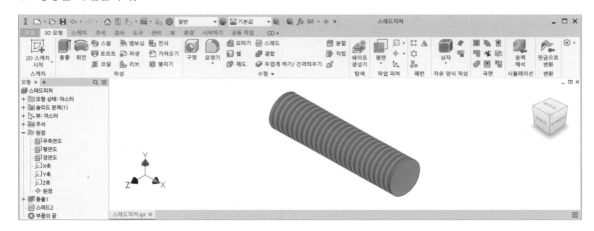

엠보싱 피처

피처의 표면에 볼록하거나 오목한 피처를 생성하는 기능입니다.

1 아래와 같이 피처를 작성합니다.

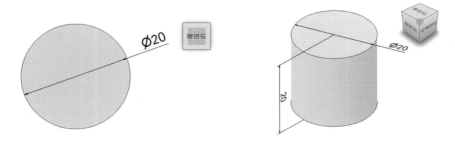

2 우측면도를 이용하여 「오프셋 평면」을 생성합니다.

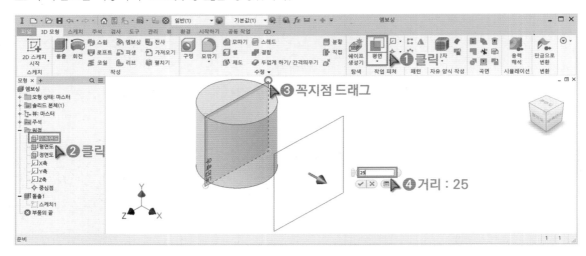

3 새로 만든 작업평면1에 구성선을 작성합니다.

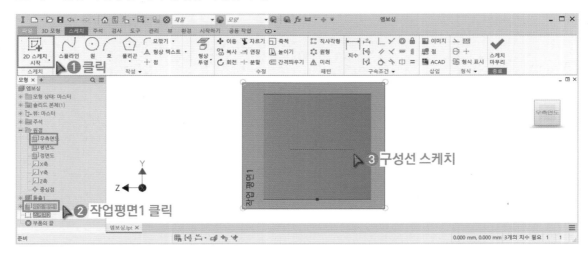

4 「형상 텍스트」 기능을 실행하고 문자를 입력합니다.

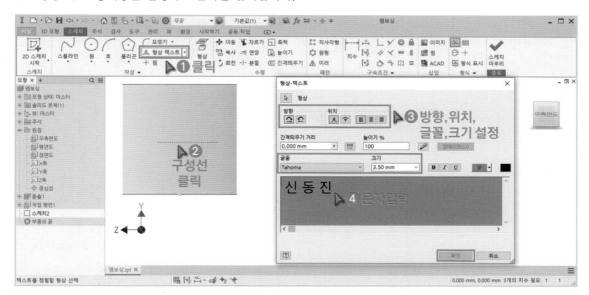

5 「엠보싱」 아이콘을 클릭하고 유형, 방향, 깊이를 설정합니다.

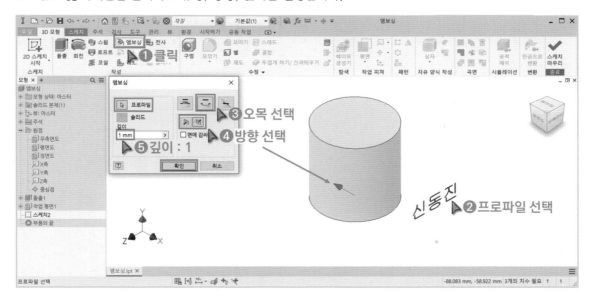

6 「와이어프레임」아이콘을 클릭하고 형상을 확인합니다.

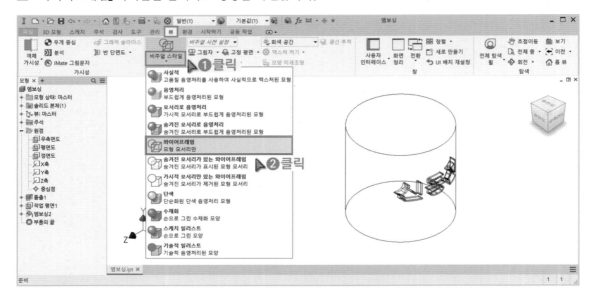

7 '엠보싱' 피처는 피처 표면을 따라 생성되는 반면 '돌출' 피처는 평평하게 생성됩니다.

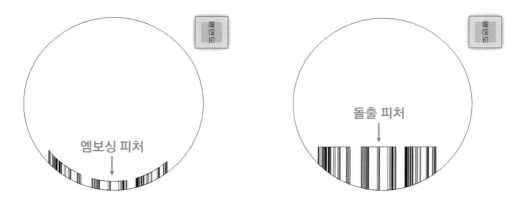

스윕 피처 활용을 위한 연습도면입니다. 경로 및 단면 스케치를 구상하여 모델링하세요.

연습도면 40-1

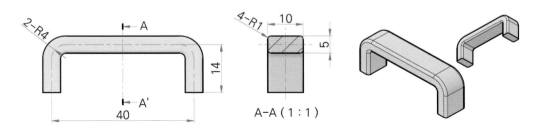

A-A (1 : 1)

연습도면 40-2

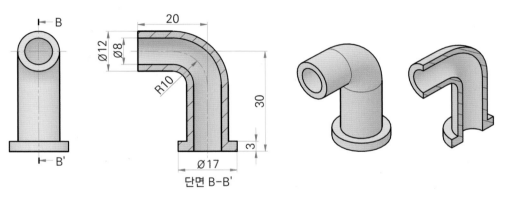

단면 B-B'

연습도면 40-3

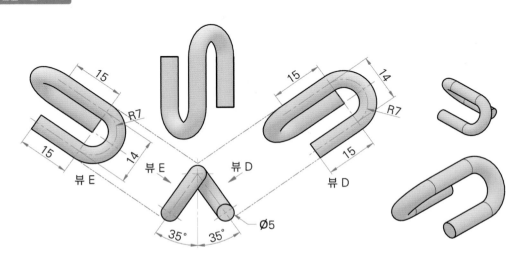

뷰 E   뷰 E   뷰 D   뷰 D

로프트 피처 활용을 위한 연습도면입니다. 여러 개의 단면 스케치를 구상하여 모델링하세요.

연습도면 41-1

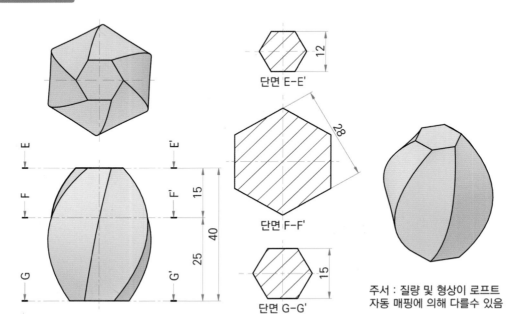

단면 E-E'

단면 F-F'

단면 G-G'

주서 : 질량 및 형상이 로프트
자동 매핑에 의해 다를수 있음

연습도면 41-2

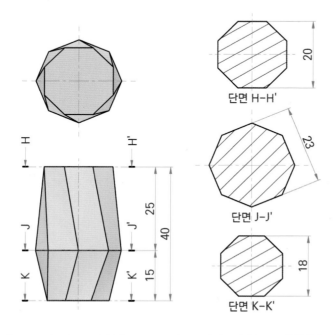

단면 H-H'

단면 J-J'

단면 K-K'

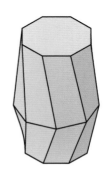

주서 : 질량 및 형상이 로프트
자동 매핑에 의해 다를수 있음

로프트 · 코일 피처 활용을 위한 연습도면입니다. 로프트 피처는 여러 개의 단면 스케치, 코일 피처는
단면과 피치 등을 구상하여 모델링하세요.

연습도면 42-1

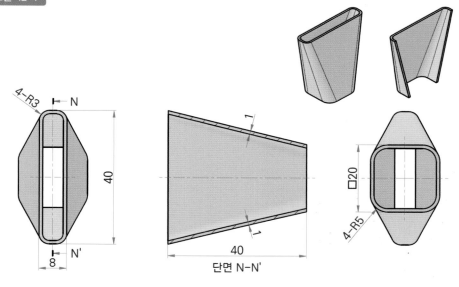

단면 N-N'

연습도면 42-2

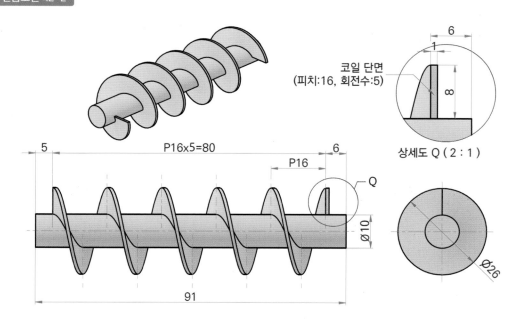

코일 단면
(피치:16, 회전수:5)

상세도 Q (2 : 1)

코일 피처 활용을 위한 연습도면입니다. 단면과 피치 등을 구상하여 모델링하세요.

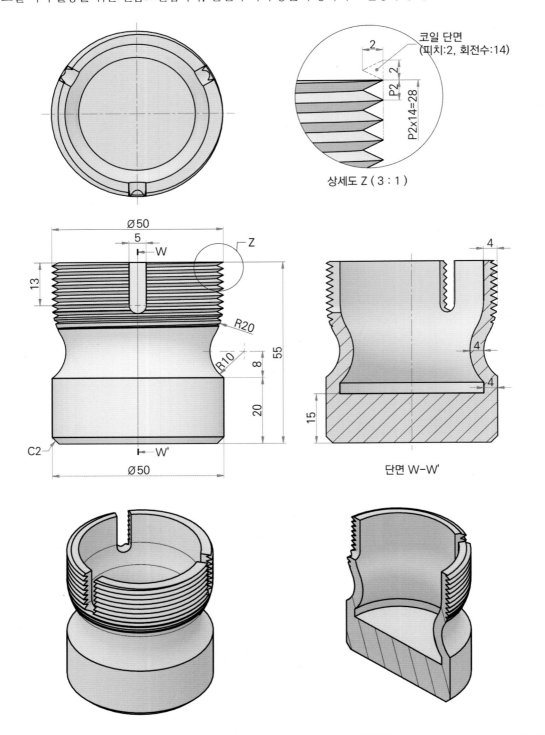

코일 단면
(피치:2, 회전수:14)

P2x14=28

상세도 Z (3 : 1)

Ø50

W

Z

13

55

R20

R10

8

20

C2

W'

Ø50

4

4

4

15

단면 W-W'

SECTION
03

3D피처 검토

학습목표 • KS 및 ISO 관련 규격을 준수하여 형상을 모델링할 수 있다.
• 특징형상 설계를 이용하여 요구되어지는 3D형상모델링을 완성할 수 있다.
• 요구되어지는 형상과 비교, 검토하여 오류를 확인하고 발견되는 오류를 즉시 수정할 수 있다.

1 작업순서 변경 실습Point 중요Point

https://cafe.naver.com/dongjinc/1062

작업트리의 작업(피처, 스케치)은 시간 순으로 나열됩니다. 작업트리의 작업순서를 변경하면 쉽게 형상을 수정할 수 있습니다.

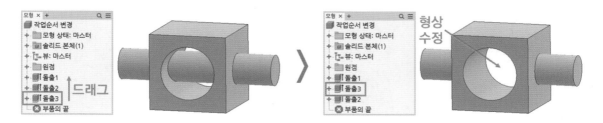

1 https://cafe.naver.com/dongjinc/68 사이트에 첨부된 2개의 ipt파일을 다운받습니다.

2 '작업순서 변경.ipt'을 실행합니다. 「 ⊗ 부품의 끝」을 드래그 하여 작업순서를 파악합니다.

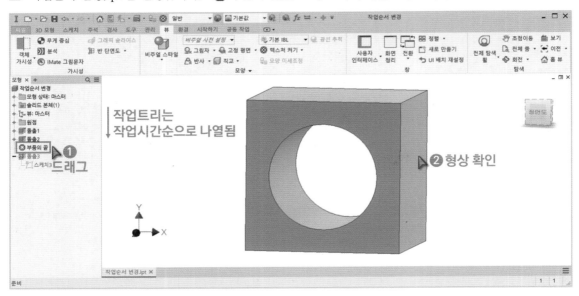

3 작업트리에서 가장 위에 있는 것은 원점입니다. 모든 스케치와 피처는 원점 이후부터 작성 된 것을 파악할 수 있습니다. 스케치1은 원점에 의해 구속된 스케치입니다.

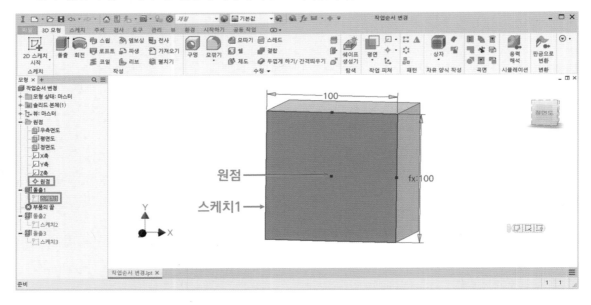

4 스케치2, 스케치3은 원점에 의해 구속된 스케치입니다.

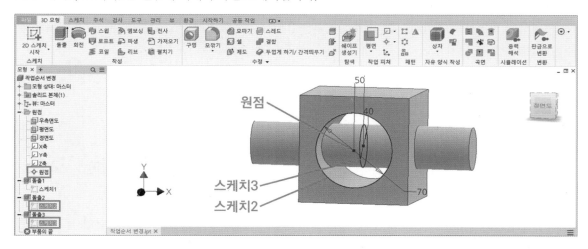

5 「돌출3(스케치3)」을 위로 드래그 해서 작업순서를 변경합니다. '돌출3'은 원점으로 구속되었고 원점 이후
   에 생성된 것이므로 원점 이후로 어느 순서로든지 변경이 가능합니다.

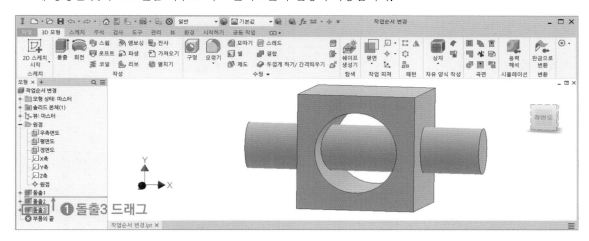

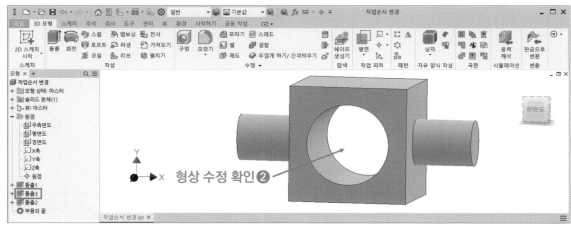

2 작업순서 변경 불가

작업트리의 작업(피처, 스케치)은 시간 순으로 나열됩니다. 형상의 생성 시점이나 방법에 따라 작업순서 변경
이 불가능할 수도 있습니다.

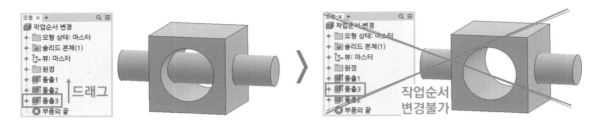

① '작업순서 변경불가.ipt'을 실행합니다. 「⊗ 부품의 끝」을 드래그 하여 작업순서를 파악합니다. '스케치3'
  은 '돌출2'의 형상으로부터 스케치 된 것을 파악할 수 있습니다.

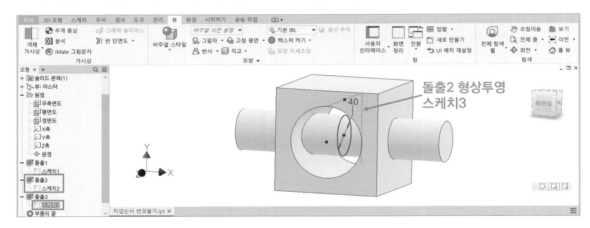

② 「돌출3」을 위로 드래그 해서 작업순서를 변경합니다. '돌출2'의 형상을 이용해서 '돌출3'을 생성했을 경우
  '돌출2'의 이전 시점으로 작업순서 변경이 불가능합니다.

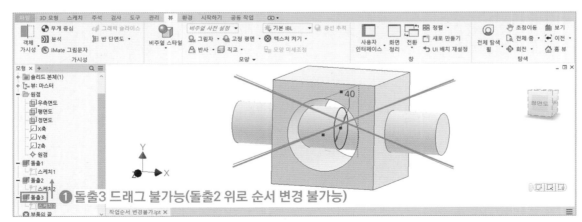

3 모델링 오류원인과 해결방법 실습 Point 중요 Point

https://cafe.naver.com/dongjinc/1063

모델링 중 다양한 원인에 의해 오류가 발생합니다. 이러한 오류를 해결하지 않으면 형상을 구현하지 못하거나 부품, 조립품, 분해품, 도면 등 모든 파일에 오류가 발생하게 됩니다. 따라서 오류의 원인을 분석하고 해결하는 방법은 매우 중요합니다.

오류원인 1
새로운 프로파일(스케치영역) 추가

프로파일 인식 오류

해결방법 1
피처 편집에서 프로파일(스케치영역) 재선택

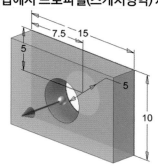

오류원인 2
기존의 프로파일(스케치영역) 제거

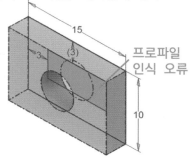

프로파일 인식 오류

해결방법 2
피처 편집에서 프로파일(스케치영역) 재선택

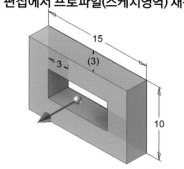

오류원인 3
기존의 피처 형상 변경 또는 제거

점 형상투영 오류

해결방법 3
투영된 객체 또는 구속조건을 제거

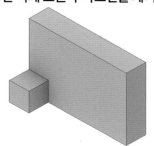

1 아래와 같이 피처를 생성합니다.

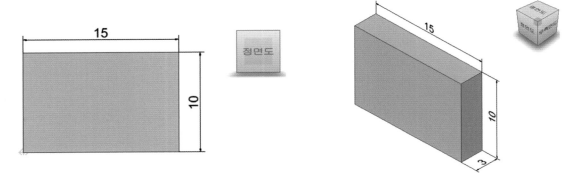

2 스케치1에서 우클릭 후 「스케치 편집」을 클릭합니다.

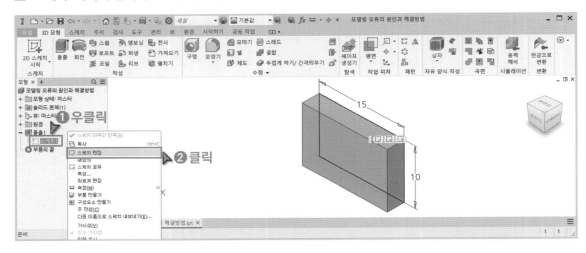

3 스케치1에 새로운 프로파일(스케치 영역)을 추가합니다.

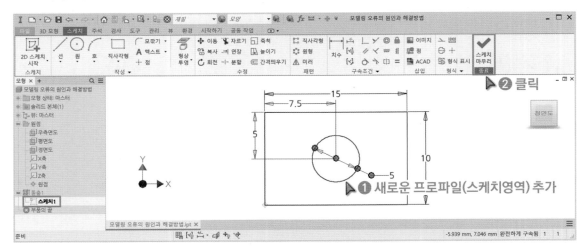

④ 기존의 스케치에 새로운 프로파일(스케치 영역)이 추가되면 피처는 새로운 프로파일(스케치 영역)을 인식하지 못합니다.

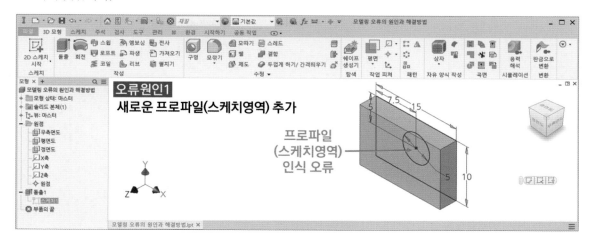

⑤ 돌출1에서 우클릭 후「피처 편집」을 클릭합니다.

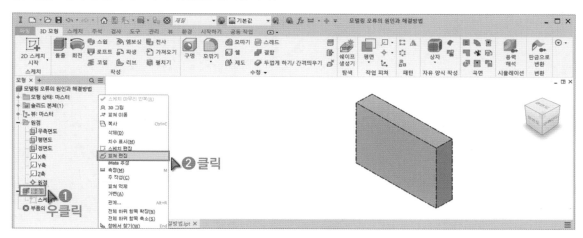

⑥ CTRL 키를 누른 상태에서 추가된 프로파일(스케치 영역)을 재선택합니다.

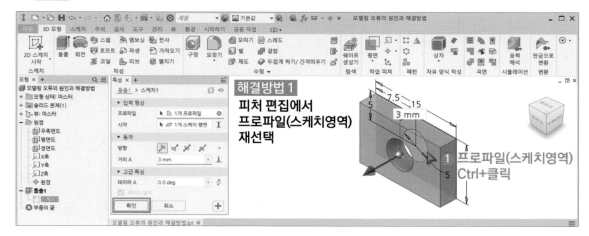

7 스케치1에서 우클릭 후「스케치 편집」을 클릭합니다.

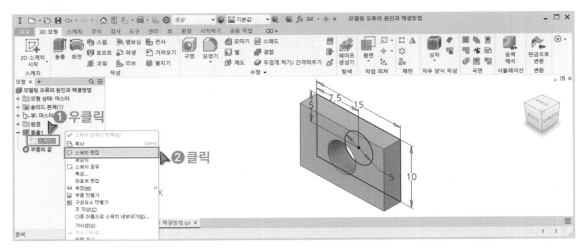

8 기존의 스케치를 제거하고 새로운 스케치를 추가합니다.

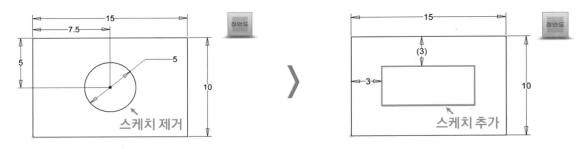

9 기존의 프로파일(스케치 영역)이 제거되면 돌출 피처는 프로파일을 인식하지 못하여 오류가 발생됩니다.
인벤터 2020이하의 버전에서는 오류창이 뜰 경우「승인」을 클릭합니다.

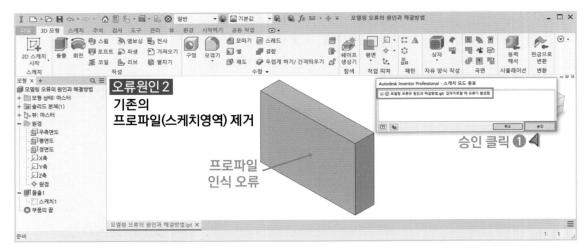

10 돌출1에서 우클릭 후「피처 편집」을 클릭합니다.

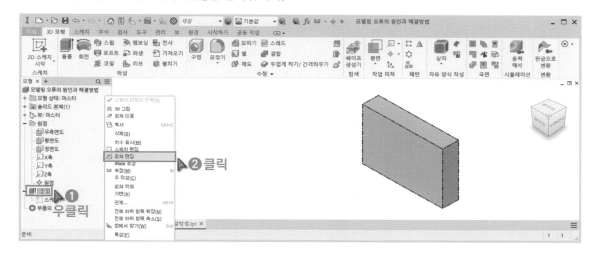

11 CTRL 키를 누른 상태에서 추가된 프로파일(스케치 영역)을 재선택합니다.

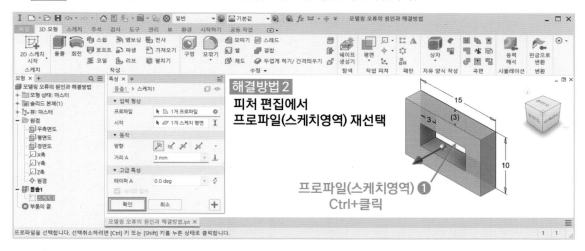

12 피처의 앞면에 스케치를 합니다. 꼭짓점을 형상투영하고 직사각형을 스케치합니다.

13 직사각형의 프로파일(스케치 영역)을 돌출시킵니다.

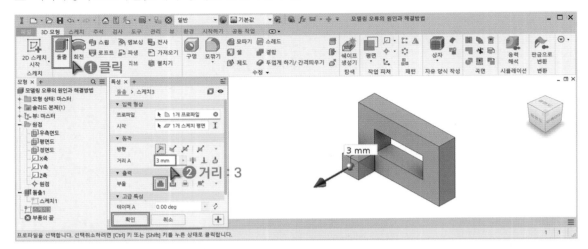

14 스케치1에서 우클릭 후 「스케치 편집」을 클릭합니다.

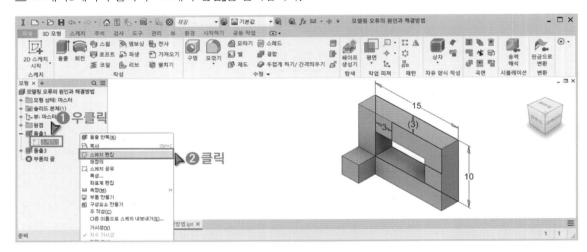

15 직사각형 스케치를 제거하고 스케치 종료를 클릭합니다.

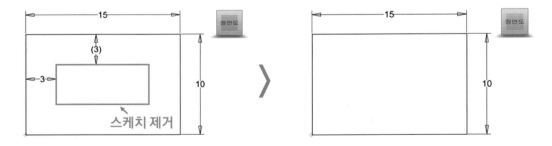

16 기존의 피처 형상이 변경되거나 제거되면 피처는 투영된 점 또는 프로파일을 인식하지 못해서 오류가 발생합니다. 오류창의 「승인」을 클릭합니다.

17 스케치2에서 우클릭 후 「스케치 편집」을 클릭합니다.

18 직사각형이 제거되었기 때문에 형상투영점에 오류가 발생했습니다. 오류가 발생한 점에서 우클릭 후 「링크 끊기」 또는 「구속조건 삭제」를 클릭해서 오류를 해결합니다.

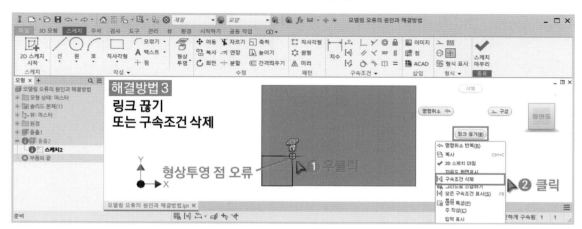

19 점 제거 및 치수를 기입하고 스케치를 마무리합니다.

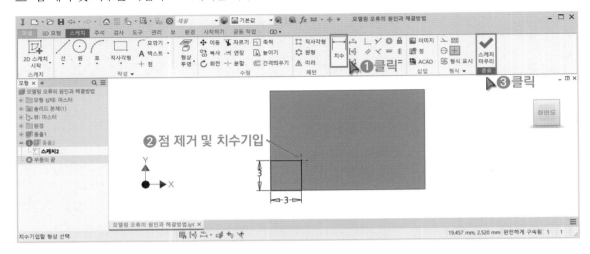

20 오류가 모두 해결되었는지 작업트리를 확인합니다.

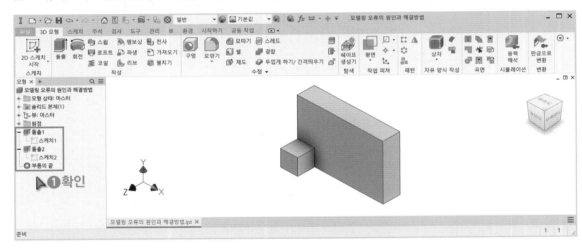

일반적인 피처 생성 방법은 1개의 스케치로 1개의 피처를 생성합니다.

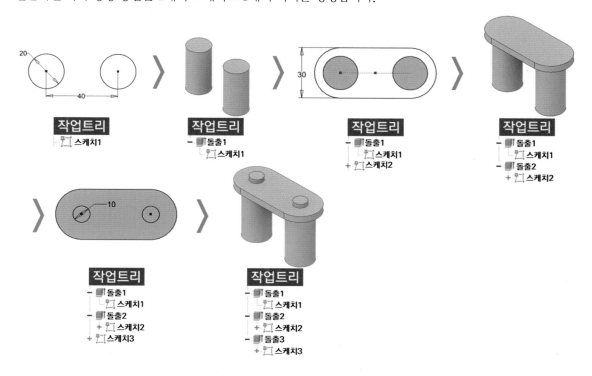

스케치 공유 기능은 1개의 스케치로 2개 이상의 피처를 생성하는 기능입니다. 이 기능을 잘 활용한다면 작업을 수월하게 진행할 수 있지만 스케치가 복잡해지는 단점이 있습니다. 또한 공유된 스케치에 오류가 발생하면 모든 피처에도 오류가 발생하게 됩니다.

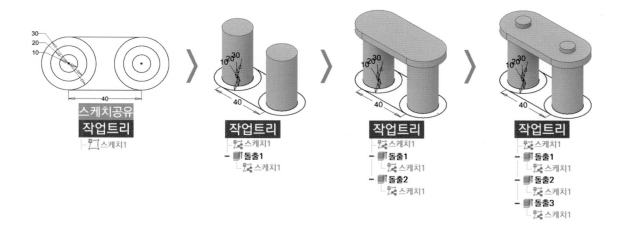

1 평면도에 아래와 같이 스케치합니다.

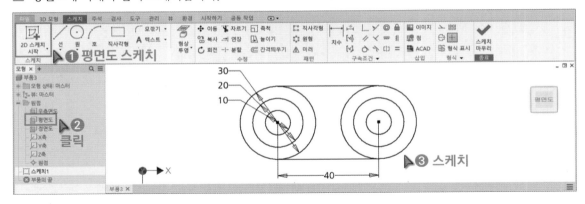

2 원 4개를 선택해서 돌출1을 생성합니다.

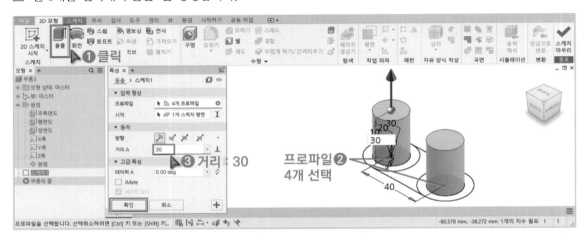

3 스케치1에서 우클릭하고 「스케치 공유」기능을 클릭합니다. 스케치 공유 기능은 돌출 피처를 생성한 이후
에 사용이 가능합니다.

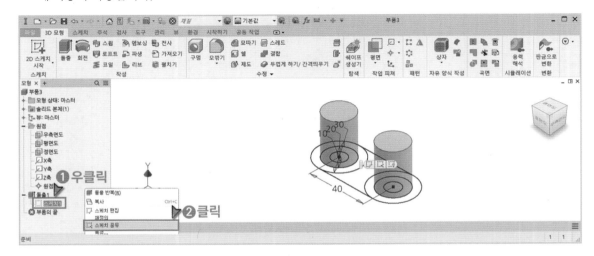

4 스케치가 공유되면 스케치가 작업화면에 보이며 아이콘의 형태(□ → □)가 바뀌어 작업트리 상단에 배치됩니다. 「돌출」을 클릭하고 프로파일을 전체 선택합니다.

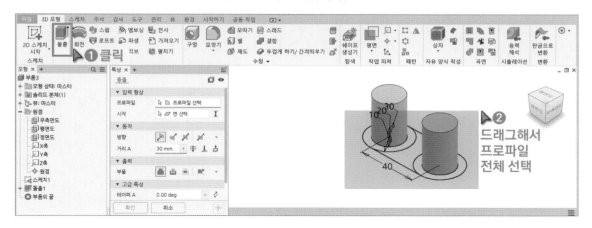

5 「사이」를 클릭하고 돌출 시작면을 선택합니다.

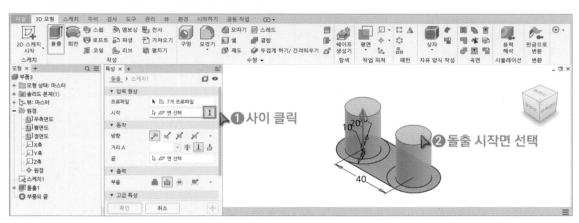

6 방향, 거리, 접합을 설정하고 형상을 확인합니다.

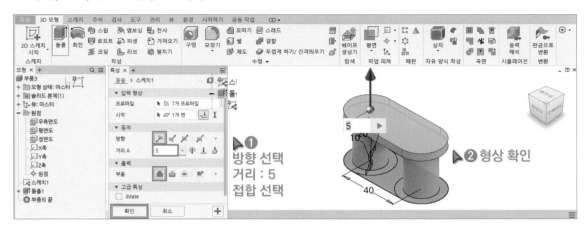

7 「돌출」 아이콘을 클릭합니다. 프로파일 2개를 선택해서 돌출시킵니다.

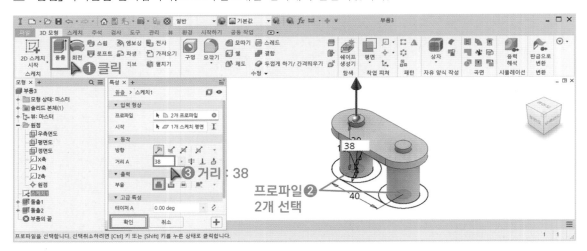

8 작업이 완료되면 공유된 스케치1의 가시성을 해제합니다.

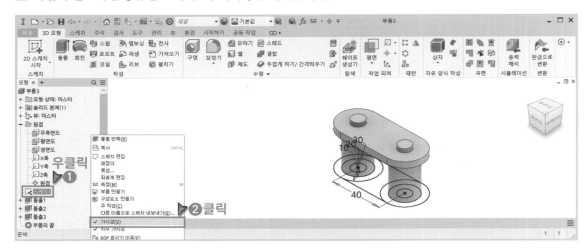

MEMO